꽁단맘이 알려주는
강아지 수제간식

꽁단맘이 알려주는
강아지 수제간식
ⓒ 최수진, 2014

초판 1쇄 2014년 5월 2일 펴냄
초판 7쇄 2019년 1월 14일 펴냄
2판 1쇄 2020년 5월 7일 펴냄
2판 3쇄 2022년 4월 5일 펴냄
3판 1쇄 2024년 7월 17일 펴냄

지은이 최수진
감수 박종무
펴낸이 김성실
책임편집 김성은
사진 윤세한
표지디자인 이창욱
제작 한영문화사

펴낸곳 원타임즈   등록 제313-2012-50호(2012. 2. 21)
주소 03985 서울시 마포구 연희로 19-1
전화 02)322-5463   팩스 02)325-5607
전자우편 sidaebooks@daum.net
페이스북 www.facebook.com/sidaebooks
트위터 @sidaebooks

ISBN 979-11-88471-36-2 (13490)

꽁단맘이 알려주는
강아지
수제간식

꽁단맘 최수진 지음 | 박종무 감수

WINTIMES

INTRO
내 강아지를 춤추게 하는
수제간식

꽁이, 단이와 처음 가족이 되었을 때 스스로 한 약속이 있습니다. 아무리 어렵고 힘들어도 꽁이와 단이를 끝까지 가족으로 지켜주기, 맛있고 건강한 간식을 내 손으로 직접 만들어 주기였습니다. 견주의 입장에서 시중에 파는 간식을 사서 먹일 수도 있고 아예 간식을 먹이지 않을 수도 있지만 이왕 먹이겠다고 결심했으니 맛있고 건강한 간식을 만들어야겠다고 생각했습니다. 그렇게 시작된 강아지 수제간식을 만드는 일은 꽁이, 단이를 위한 작은 정성과 노력인 동시에 큰 즐거움이었습니다.

소소한 행복을 오래 기억하기 위해 직접 만든 강아지 수제간식 레시피와 간식을 맛있게 먹는 꽁이, 단이의 모습을 일기 써 내려가듯 블로그에 하나하나 기록했습니다. 처음에는 단순하게 삶은 고구마를 말려서 주는 것부터 시작했지만 시간이 지날수록 메뉴가 점차 다양해졌습니다. 그렇게 하다 보니 강아지가 먹어서는 안 되는 음식, 강아지에게 도움이 되는 음식, 소화와 신진대사 등 강아지의 건강을 위한 공부도 자연스럽게 병행하게 되었습니다. 국내에 출간된 강아지 먹거리에 대한 책이 부족하다는 아쉬움에 외서까지 뒤져가며 열심히 공부를 했습니다. 그동안 공부했던 강아지 식사에 대한 내용, 강아지 수제간식 레시피, 가장 많은 질문을 받았던 식재료에 대한 정보 들을 차곡차곡 정리하여 책을 출간하게 되었습니다. 책을 출간하면서 더 큰 책임감을 느낍니다. 반려견에게 건강한 음식을 만들어 주고자 하는 분들께 조금이나마 도움이 되기를 바랍니다.

　반려견에게 수제간식을 직접 만들어 주는 것은 단순히 음식을 제공하는 것 이상의 의미를 가집니다. 반려견의 건강과 체질에 맞는 재료를 고르는 일, 시간을 들여 고른 재료를 손질하고 수제간식을 만드는 과정, 초롱초롱한 눈빛으로 간식을 기다리는 반려견과의 교감을 통해 웃음을 나누는 일들 모두가 그만큼의 관심과 사랑, 희생과 책임감을 포함하고 있기 때문입니다. 수제간식에는 대량으로 생산되어 유통되는 공산품이 지닐 수 없는 정성과 사랑이 들어 있습니다. 이렇게 자신의 손으로 만든 음식을 반려견과 나누는 일은 강아지의 건강뿐 아니라 반려견의 행복과 삶의 질을 더욱 높여주는 일이기도 합니다. 좋은 재료로 만든 건강한 간식은 식사만으로는 부족한 영양소의 비율을 맞춰줄 수 있는 영양보조제이며 견주와 반려견의 적절한 관계 정립과 교감, 그리고 맛있는 음식을 먹는 즐거움까지 모두 선사할 것입니다.

　책을 출판하면서 부족한 점도 궁금한 점도 많았던 저를 잘 이끌어주신 윈타임즈 김성은 실장님, 열정적으로 사진 촬영을 해주신 푸드윤 윤세한 실장님 그리고 바쁘신 중에도 기꺼이 감수를 맡아주신 '평생피부과동물병원'의 박종무 원장님께 감사드립니다. 원고 작업 중 아낌없는 지원과 격려를 보내준 기민호 씨 외 책이 나오기까지 애써주신 모든 분께 감사드립니다. 책 출판을 기쁜 마음으로 응원해주고 기다려주신 블로그 이웃들께도 감사드립니다. 마지막으로 언제나 저에게 웃음과 행복을 선물해주는 꽁이, 단이와 책을 출간하기까지 든든하게 응원을 보내준 부모님과 동생에게 고마운 마음을 전합니다.

_꽁단맘 최수진

차 례

쫄깃쫄깃 고소고소 쫀득쫀득
육포와 말랭이

돌돌 말아 둘이 하나되는
말이간식

씹고 뜯고 맛보며 스트레스 제로에 도전!
뼈껌

동글동글 귀엽고 길쭉길쭉 날씬해
볼과 스틱

강아지는 이렇게 소화해요

위장이 짧아요

강아지는 육식동물에 속하지만 고기만 먹는 것은 아닙니다. 육류, 채소, 곡류 할 것 없이 모두 먹는 잡식동물이지요. 강아지에게도 사람처럼 단백질, 탄수화물, 지방, 비타민, 미네랄, 수분 등이 필요합니다. 그렇다고 해서 필요한 영양분의 비율이나 재료의 소화 및 흡수 기능이 사람과 똑같지는 않습니다. 강아지는 사람보다 더 많은 단백질과 칼슘을 필요로 하지만 소화기관인 위장은 사람보다 짧습니다.

강아지는 위장이 짧기 때문에 먹이를 줄 때 그에 맞는 재료를 준비해야 합니다. 예를 들어 곡류나 콩류는 익혀주고, 채소는 소화하는 과정에서 영양분을 빠르게 잘 흡수할 수 있도록 잘게 썰어주어야 합니다.

이빨로 찢고 잘라요

강아지는 송곳니, 어금니, 소(후)구치 등 42개의 다양한 이빨을 가지고 있어 육식과 채식이 모두 가능합니다. 강아지의 이빨은 사람의 치아와는 차이가 있습니다. 사람의 어금니는 뭉툭하고 납작해서 음식을 잘게 으깰 수 있지만 개의 이빨은 날카롭고 뾰족하여 주로 먹이를 찢고 자르는 역할을 합니다.

개의 이빨은 4~6주에 나기 시작해 4~7개월이면 영구치가 들어섭니다. 이때가 가장 많이 물고, 씹고, 뜯기를 반복하는 시기입니다. 이갈이 시기에는 계속 씹을 수 있는 치실 장난감이나 딱딱한 껌 간식이 스트레스 해소와 영구치 교체에 도움이 됩니다. 이 시기에 집에서 직접 만든 껌 간식을 주면 이갈이에도 효과가 좋고 성분에 대한 걱정도 줄일 수 있습니다. 하지만 3~5개월 미만의 어린 강아지에게 간식을 주는 것은 추천하지 않습니다. 이 시기에는 양질의 사료만 먹어도 충분하기 때문입니다. 간식은 조금 더 기다렸다가 강아지의 몸이 제대로 성장하고 난 후에 주어도 늦지 않습니다.

10

입맛을 길들여주세요

강아지의 미각세포는 사람의 1/5 수준이라고 합니다. 인간은 미뢰가 9000여 개인데 개는 1700여 개입니다. 따라서 사람처럼 섬세하게 맛을 구별하지는 못합니다. 그럼에도 통조림 간식, 달콤한 간식, 고기로만 만든 간식 등 자극적인 맛만 찾는 강아지가 있습니다. 사료 먹기를 거부하고, 건강하고 담백한 자연식도 잘 먹으려고 하지 않는 강아지가 있는데 물론 성격에 따라 먹는 것을 그다지 좋아하지 않을 수도 있지만 처음부터 자극적인 맛의 간식에 입맛이 길들여져 이렇게 행동하기도 합니다.

부산물 가루, 인공 색소, 인공 감미료, 방부제가 들어간 질 낮고 자극적인 음식에 입맛이 길들여지지 않도록 건강한 간식을 만들어주는 것이 좋습니다. 처음에 몇 번 잘 먹지 않는다고 해서 포기하지 말고 주인이 건강한 재료로 강아지의 입맛을 길들여주는 것이 중요합니다.

식사와 간식은 달라요

간식은 강아지에게 필요한 단백질, 탄수화물, 지방, 미네랄, 비타민 등이 완벽하게 균형을 이룬 음식이라고 할 수는 없습니다. 일반적으로 강아지의 식사를 40퍼센트의 육류(단백질), 35퍼센트의 곡류, 15퍼센트의 지방, 10퍼센트의 채소나 과일의 비율로 보았을 때, 간식의 레시피는 이를 정확히 지키면서 만들어지지 않은 것도 많습니다. 예를 들어 닭가슴살육포는 단백질 위주의 영양소이며 쿠키는 탄수화물의 비중이 높습니다.

따라서 간식을 밥 대용으로 주면 심각한 영양 불균형을 초래해서 건강은 망칠 수 있습니다. 그 예로 단백질을 공급하기 위해 지나치게 닭고기만 많이 먹일 경우 인의 과다로 칼슘의 흡수가 저하될 수 있습니다. 채소도 소량을 먹일 경우 비타민과 식이 섬유 등의 영양분을 공급하지만 과다하게 섭취하면 오히려 강아지의 몸에 독이 될 수

11

있습니다. 평소 영양소가 골고루 배치된 식사를 챙겨주고, 간식은 하루 필요한 열량의 10~20퍼센트 이내로 주는 것이 바람직합니다.

365일 건강한 수제간식

사랑 듬뿍 영양 만점

집에서 먹다 남은 과자나 치킨, 피자 조각을 간식으로 주는 것은 결코 바람직하지 않습니다. 사람이 먹는 음식에는 강아지가 필요로 하는 수치를 훨씬 넘어서는 지방과 나트륨, 당분 등이 들어 있습니다. 이는 강아지를 쉽게 뚱뚱하게 만들며 신장에도 무리를 줍니다.

만약 누린내를 제거하기 위해 양파를 넣어 삶은 고기를 먹고 남은 것을 준다면 강아지에게는 치명적일 수 있습니다. 사람에게는 괜찮지만 강아지에게는 소량만으로도 적혈구를 손상시키는 성분으로 인해 설사, 발열, 구토, 혈뇨 등 심각한 상황에 빠뜨릴 수 있습니다. 특히 초콜릿의 경우는 테오브로민이라는 위험한 성분이 들어 있습니다. 사람에게는 독성이 없지만 일반 동물에 속하는 강아지에게는 단순히 부담을 주는 정도가 아니라 뇌로 가는 혈류량을 감소시키거나 심장마비 등을 일으켜 위독한 지경에 빠뜨릴 수도 있습니다.

방부제와 부속물이 많이 들어간 시판 간식도 강아지의 건강을 해칠 수 있습니다. 일반적으로 부패나 변질을 방지하고 간식을 더욱 맛있어 보이게 하기 위해 항미생물제, 착색료, 유화제, 방부제 등의 첨가물이 들어가기도 합니다. 특히 강아지 간식은 사람이 먹는 음식보다 법적인 규제를 덜 받기 때문에 질 낮은 재료를 사용하여 만들기도 합니다. 미국에서는 중국산 간식을 먹고 600여 마리의 강아지가 죽은 사건이 있었습니다. 불량간식은 급작스럽게 강아지를 아프게 할 수도 있고, 나쁜 성분이 몸에 차츰차츰 쌓여 병을 만들 수도 있습니다.

강아지에게 간식이 무조건 필요한 요소는 아닙니다. 하지만 강아지와 견주의 관계 정립, 훈련 후 적절한 보상, 스트레스 감소, 장기간의 사료 급여로 인해 생긴 부족한 영양 보충 등은 간식이 갖는 장점입니다. 강아지에게 간식을 급여하기로 결정했다면 건강한 간식을 직접 만들어 줄 것을 권합니다. 좋은 재료로 적절한 조리과정을 거쳐 만든 건강한 간식은 강아지에게 단순한 주전부리 이상의 영양보조 효과와 맛있는 음식을 먹을 수 있도록 즐거움을 선사할 것입니다.

내 강아지를 위한 맞춤 간식

아무리 질 좋은 사료라 해도 모든 강아지 각각의 컨디션과 완벽하게 부합하지는 않습니다. 좋은 재료로 정성들여 만든 수제간식도 자신이 키우는 강아지의 몸에 맞지 않는다면 애써 노력한 결과물이 물거품이 되고 맙니다. 수제간식을 만들기 전에 자신이 키우고 있는 강아지의 몸이 어떤 상태인지, 혹시 특정 식재료에 알레르기 반응을 일으키지는 않는지 등을 미리 확인하는 것이 중요합니다.

음식에 대한 강아지의 반응은 소변, 대변, 피부 상태, 행동 등을 통해 관찰할 수 있습니다. 죽처럼 수분이 많은 음식을 먹으면 소변의 양도 많아지고 색이 옅어지는 것은 당연합니다. 하지만 지나치게 무른 변을 여러 번 싸거나 구토 등의 증상을 보인다면 급여를 중단해야 합니다. 특정 재료에 알레르기가 있는 경우에도 피부에 발진이 생긴다든지 가려워서 자꾸 긁는 행동을 보일 수 있습니다. 자신의 강아지가 만약 특정 재료에 알레르기를 가지고 있다면 해당 재료는 조금이라도 사용하지 않는 것이 옳습니다.

아픈 강아지나 지나치게 비만인 강아지, 혹은 노령견에게도 특별히 신경을 써야 합니다. 큰 수술을 했거나 병을 앓고 있는 강아지라면 해당되는 상황에 맞게 재료를 선택해야 합니다. 예를 들어 양배추는 소화를 촉진하고 비타민 C도 풍부하지만 갑상선 질환을 앓고 있는 강아지에게 양배추를 생으로 먹이는 것은 좋지 않습니다. 비만인 강아지에게는 지방 함량이 높은 간식은 피하고 열량이 낮고 식이섬유가 풍부한 간식을 만들어 주어야 합니다. 또 나이가 많은 개일수록 신장에서 단백질을 분해하는 능력이 저하되기 때문에 고단백질 간식을 자주 주는 것은 부담이 될 수 있습니다.

이처럼 간식을 만들기 전에 강아지의 몸 상태를 확인하는 일은 참으로 중요합니다. 만약 고기 알레르기가 있다면 콩이나 두부 등 적절한 재료로 대체하면 됩니다. 아무리 좋은 재료도 내 강아지한테는 잘 맞지 않을 수 있다는 사실을 기억해야 합니다. 무엇이든 지나치면 독이 됩니다. 좋은 성분이 들어 있다고 한 가지 재료만 급여하면 오히려 신진대사 과정에서 강아지에게 부담이 될 수 있습니다. 가장 중요한 것은 적절한 비율과 양입니다. 재료의 선택과 간식의 양까지 자신의 강아지에게 가장 잘 맞는 것이 어떤 것인지 먼저 확인해야 합니다.

몸 따라, 성격 따라, 기호 따라

강아지에게 필요한 열량은 환경, 크기, 견종, 성별, 나이, 활동량, 중성화 유무 등 다양한 조건에 따라 다릅니다. 강아지의 몸 상태를 확인해서 재료와 메뉴를 결정해야 하는 것과 마찬가지로 자신의 강아지가 하루에 필요로 하는 음식의 양이 어느 정도인지 알아야 하는 것도 중요합니다. 집에서만 생활하면서 활동이 적은 강아지는 20~30퍼센트 적게 먹는 것이 좋습니다. 성장기의 강아지나 아주 활동적이고 운동도 자주하는 강아지 또는 임신 중이거나 수유 중인 강아지라면 평균보다 30~40퍼센트 정도의 열량을 보충해주면 됩니다.

중요한 것은 자신의 강아지가 어느 정도 양의 음식을 먹고 정상적인 몸무게를 유지하는지 체크하는 것입니다. 사람도 제각기 체질이 다르듯 강아지들도 개체마다 필요한 에너지의 양이 다릅니다. 심지어 같은 견종, 같은 성별, 같은 환경에서 자라고 있는 꽁이와 단이도 서로 큰 차이를 보입니다. 꽁이는 식탐도 많고 평소 움직임도 적으며 내성적입니다. 단이는 항상 뛰어다니고 장난치는 것을 좋아하지만 식탐은 적은 편입니다. 꽁이와 단이는 둘 다 암컷이고 같은 종인 닥스훈트지만 이런 차이점 때문에 같은 양을 먹어도 꽁이가 단이보다 훨씬 더 쉽게 살이 찝니다. 그래서 밥이나 간식을 줄 때 꽁이에게는 10 20퍼센트 성도 더 적은 양을 주고 있습니다.

과도한 양이 식사와 간식은 상아지를 살찌게 만듭니다. 강아지도 사람처럼 몸에서 미처 다 사용하지 못한 영양분들이 지방으로 축적됩니다. 비만 강아지가 되면 건강과 수명 문제뿐 아니라 생활 전반에 큰 영향을 미칩니다. 체중이 많이 나가면 관절에 쉽게 무리를 주어 무릎, 팔꿈치, 허리 디스크의 문제를 불러일으키고, 당뇨병과 호흡기 질환에도 문제가 생길 수 있습니다. 비만 강아지가 되지 않도록 간식의 양을 조절해 주어야 합니다. 보통 하루 필요한 열량의 10~20퍼센트 정도가 적당합니다. 평소 간식을 자주 주는 편이라면 작게 조각 내어 하루에 먹일 양을 미리 준비해두는 것도 좋습니다.

기준이 되는 강아지 체중별 칼로리표가 있습니다. 하지만 이는 어디까지나 참고용입니다.

체중별 필요한 열량(성견 기준)

몸무게	필요한 열량	몸무게	필요한 열량
2.5kg	220~260Kcal	4.5kg	340~410Kcal
7.0kg	480~570Kcal	11.0kg	670~810Kcal
18.0kg	960~1150Kcal	22.5kg	1140~1360Kcal
31.5kg	1460~1750Kcal	41.0kg	1790~2140Kcal
50.0kg	2070~2490Kcal	60.0kg	2380~2850Kcal

가장 좋은 것은 자신이 키우는 강아지의 상황에 맞게 음식을 조절해 주는 것입니다. 기준이 되는 수치를 참고하여 강아지에게 가장 적합한 음식의 양을 찾아주면 됩니다. 평소 강아지의 몸을 잘 관찰하는 것만으로도 비만 여부를 확인할 수 있습니다. 갈비뼈가 눈으로 확연히 드러날 만큼 마르지 않은 상태에서 허리가 살짝 잘록하게 들어간 모습이 가장 이상적이라 할 수 있습니다. 갈비뼈와 근육이 육안으로 확인될 만큼 튀어나왔다면 너무 마른 상태이며, 반대로 허리 라인이 보이지 않고 배도 불룩하게 나왔다면 살이 찐 상태입니다. 손으로 만져서 갈비뼈가 잘 느껴지지 않는다면 체중조절이 꼭 필요합니다.

이런 식재료를 사용했어요

닭가슴살

닭가슴살은 강아지 수제간식에서 많이 이용되는 재료 중 하나로 지방이 거의 없는 고단백 재료다. 닭고기에는 비타민 B3가 풍부해 신진대사 활성화와 피부, 이빨, 뼈의 성장에 도움이 된다. 단, 닭가슴살에 포함되어 있는 인 성분을 필요 이상으로 섭취하면 칼슘의 흡수를 방해할 수 있다. 특히 공장식 축산으로 인해 항생제로 사육된 닭보다는 유기농을 권한다.

오리고기

오리고기에는 불포화지방산이 함유되어 있어 피부와 혈관 건강에 좋다. 또 오리안심의 풍부한 단백질은 기력을 회복하고 털과 피부, 발톱 등의 재생에 도움을 준다. 오리고기에는 철분, 비타민 C, 비타민 B가 풍부해 혈중 콜레스테롤을 낮추고 혈액의 흐름을 원활하게 한다. 오리고기 역시 공장식 축산으로 사육된 것보다는 유기농을 권한다.

쇠고기

쇠고기에는 탄수화물을 에너지로 바꿔주는 티아민(비타민 B1), 세포의 성장을 증진시키는 리보플라빈(비타민 B2), 신진대사를 돕는 피리독신(비타민 B6)이 풍부하다. 지방이 많은 부위는 콜레스테롤과 포화지방산이 많기 때문에 강아지 수제간식에는 가급적 단백질이 풍부하고 비교적 지방이 적은 부위인 사태나 홍두깨살을 사용하는 것이 좋다.

돼지고기

돼지고기에는 비타민 A, B, E 등이 많고 단백질과 비타민이 풍부하여 약해진 체력 회복, 빈혈 예방에 효과가 좋다. 비타민 B10이 많아 특히 기력이 떨어진 강아지에게 좋다. 지방이 많은 부위보다 안심 같이 지방이 적은 부위를 선택한다.

연어

연어에는 리놀렌산이 풍부하여 면역력 강화와 염증 감소에 좋다. 오메가3 지방산이 풍부하여 세포 건강, 두뇌 기능 향상, 심장과 피모 건강에도 효과가 있다. 그러나 잘못 골라 연어 중독증에 걸리면 구토, 고열, 설사 등의 증상을 보이고 사망에 이르기도 한다. 익혀 먹으면 괜찮지만 생연어를 사용할 경우에는 영하 20도 이하의 온도에서 10일 이상 보관한 연어를 사용해야 한다.

참치

통조림으로 판매되는 참치는 대부분 가다랑어나. 참치처럼 가다랑어에도 불포화지방산인 EPA가 풍부해서 콜레스테롤을 저하시키는 효과가 있다. 단백질, 레티놀, 비타민, 엽산, 인, 철분, 칼슘이 풍부하다. 셀레늄 성분은 면역력 상승과 관절 건강에 도움이 된다. 통조림 참치는 나트륨과 보존제 등 첨가물이 많으므로 반드시 끓는 물에 데친 후 깨끗하게 씻어서 사용한다.

멸치

멸치는 열량이 낮고 칼슘과 각종 무기질이 풍부하다. 멸치에 들어 있는 단백질과 칼슘, 무기질은 뼈 건강과 성장 발육에 도움이 된다. 그러나 시중에서 판매하는 건조 멸치에는 산화방지제와 나트륨 등의 첨가물이 많으므로 반드시 염분을 제거해야 한다.

북어

북어에는 각종 필수아미노산이 풍부하게 들어 있다. 일반 생태보다 5배 이상의 단백질과 아미노산을 함유하고 있어 기력 회복에 좋다. 하지만 시중에서 판매하는 말린 북어에는 산화방지제와 나트륨 등의 첨가물이 많으므로 반드시 염분을 제거하고 사용한다.

두부

두부는 콩으로 만든 식품이라 단백질이 풍부하고 칼로리가 낮다. 또한 단백질의 체내 흡수율도 높은 편이며 소화도 잘 되는 식품이다. 고기 알레르기가 있는 강아지에게 대체 재료로 사용할 수 있다. 하지만 두부를 만드는 과정에서 간수가 사용되기 때문에 염분 제거가 필수다. 또 수입산 GMO(유전자변형조작작물) 대두로 만든 두부도 적지 않으니 주의해야 한다.

달걀

달걀은 필수아미노산이 가장 이상적으로 함유되어 있는 재료다. 달걀에는 단백질, 철분, 엽산뿐 아니라 비타민 A도 풍부하다. 달걀은 강아지의 체력 향상, 피모 건강, 회복, 식욕 증진에 도움을 준다. 하지만 콜레스테롤이 높기 때문에 한 번에 많이 급여하지 않도록 주의한다.

고구마

고구마는 수분과 식이섬유가 많아서 변비가 있는 강아지에게 좋다. 비타민 C, 엽산, 칼륨, 인 등이 풍부하고 달콤한 맛이 있어 강아지에게 인기가 좋은 간식 재료다. 또한 항산화와 노폐물 배출에 효과가 있다. 그러나 과다 섭취하면 장에 가스가 차고 살이 찔 수 있기 때문에 적당히 주는 것이 좋다.

단호박

단호박에는 비타민과 무기질이 풍부하다. 특히 베타카로틴과 비타민 A, 비타민 C가 풍부하여 눈 건강과 암 예방, 면역력 향상에 도움을 준다. 피모에 좋은 비타민 E도 들어 있고 식이섬유와 칼륨도 풍부해서 노폐물 배출에 좋다. 달콤한 맛 때문에 강아지가 좋아하는 재료다.

브로콜리

브로콜리는 칼로리가 낮고 비타민과 미네랄이 풍부한 식품이다. 특히 비타민 C가 많아서 항암 효과와 항산화 효과, 피부 질환 예방 효과가 있다. 비타민 A, 칼륨, 식이섬유도 풍부하다. 그러나 브로콜리를 많이 먹을 경우 칼슘 흡수에 방해가 될 수 있다. 과다 섭취한 소가 독성으로 인해 중독되었다는 보고가 있으니 강아지도 급여량에 주의하는 것이 좋다.

당근

당근에는 식이섬유, 비타민 A와 비타민 C가 풍부하다. 비타민 A와 베로카로틴은 시력 건강에 효과가 좋다. 항산화와 면역력 향상에도 효과가 있다. 강아지의 털 색깔이나 코가 하얗게 변하는 백화증 예방에도 효과가 있다. 하지만 당근을 생으로 많이 먹으면 설사나 변비가 생길 수 있으므로 끓는 물에 살짝 데치거나 식물성 기름에 살짝 볶아 주는 것이 좋다.

배추

배추는 열량이 낮고 식이섬유가 풍부하다. 배추의 풍부한 식이섬유는 변비 해소, 노폐물 배출, 위장 활동에 도움이 된다. 또한 배추에는 칼륨, 칼슘, 엽산, 비타민 C가 풍부하다. 열량이 낮아 비만인 강아지에게 포만감을 주는 재료다.

연근

연근에는 무기질, 비타민 C, 타닌, 칼륨, 철분 등이 풍부하다. 타닌은 지혈, 소염 효과도 있어서 상처 회복 중인 강아지에게 좋다. 또한 연근은 성질이 따뜻해 감기 예방, 면역력 향싱에 도움을 준다.

우엉

우엉에는 식이섬유가 풍부해 위장 활동에 도움을 준다. 칼슘, 마그네슘, 칼륨, 엽산도 풍부하게 들어 있다. 우엉에 들어 있는 이눌린 성분은 신장 기능을 높여 이뇨와 배변 활동에 효과가 좋다. 하지만 우엉 특유의 쌉싸래한 맛 때문에 강아지가 좋아하지 않을 수 있으니 다른 재료와 섞어서 급여하는 것이 좋다.

양배추

양배추에는 비타민이 풍부하고 식이섬유가 많다. 포만감을 주는 재료로 사용하기 좋다. 칼륨, 칼슘, 비타민 C가 풍부하다. 하지만 갑상선 질환이 있는 강아지에게는 급여에 주의해야 한다. 갑상선 유발 물질인 고이트로겐 성분이 요오드 작용을 방해하기 때문이다. 이런 경우 양배추를 익혀서 먹어야 하며 다량 급여는 삼가야 한다

무

무에는 각종 미네랄, 칼륨, 칼슘, 비타민 C가 풍부하다. 수분과 식이섬유가 많고 열량이 낮아 다이어트에도 좋다. 무에는 아밀라아제 성분이 있어서 생으로 껍질째 갈아서 먹으면 소화에 도움이 된다. 비타민 C도 풍부해 감기 예방, 기침, 해열에도 효과가 있다.

그린빈

콩과 콩깍지를 전부 먹을 수 있는 그린빈은 깍지콩이라고도 한다. 식이섬유와 단백질이 풍부하며 칼로리도 낮고 비타민 C, 식이섬유, 단백질을 한꺼번에 섭취할 수 있는 재료다. 평소 채소를 좋아하는 강아지라면 살짝 익힌 그린빈을 간식처럼 주지만 대체로 잘 먹지 않으므로 다른 재료와 함께 요리해서 준다.

애호박

애호박은 식이섬유가 풍부한 저칼로리 재료로 베타카로틴, 비타민 A, 비타민 C, 비타민 E, 칼륨, 엽산이 풍부하다. 애호박을 익히면 부드러워서 소화도 잘 된다. 레시틴 성분은 두뇌 건강, 치매 예방에 도움을 준다. 비타민과 미네랄이 풍부해서 피모 건강, 면역력 강화, 혈액순환에 좋다.

새송이버섯

새송이버섯은 수분과 식이섬유가 많고 쫄깃한 식감을 가진 재료로 칼로리가 낮아 다이어트 하는 강아지에게 좋다. 새송이버섯에는 비타민 C와 칼륨이 풍부하여 빈혈과 비만 예방에 효과가 있다. 강아지에게 버섯을 급여하면 안 된다고 하는데 그것은 독버섯을 의미한다. 식용 버섯을 소량 섭취하는 것은 괜찮다.

표고버섯

표고버섯은 칼륨과 식이섬유, 비타민 D가 풍부할 뿐 아니라 엽산, 인, 철분도 들어 있다. 표고버섯은 변비 예방, 칼슘 흡수, 면역력 증가, 혈관 건강 개선, 항암 효과가 있지만 많이 먹을 경우 위에 부담을 줄 수 있으므로 소량만 급여하는 것이 좋다. 생 표고보다 건표고를 물에 불려서 사용하면 음식의 향이 더 강하다.

바나나

바나나는 달콤한 맛이 있어 강아지에게 인기가 많다. 칼륨이 많기 때문에 나트륨 배출에 효과적인 과일이다. 항산화 효과도 뛰어나다. 당, 베타카로틴, 비타민 A, 비타민 B6, 비타민 C, 인, 칼슘도 들어 있다. 하지만 많이 급여하면 변비, 설사, 칼륨 과다로 신장에 무리를 줄 수 있다.

사과

사과는 칼륨과 식이섬유가 풍부해 노폐물 배출과 변비 해소, 피모 건강에도 도움이 된다. 콜레스테롤을 내보내는 효과가 좋아서 평소 고기 간식을 많이 먹는 강아지에게 좋다. 항산화 효과가 뛰어난 폴리페놀 성분은 껍질에 많기 때문에 깨끗하게 씻어 껍질째 먹이는 것이 좋다.

파프리카

파프리카는 칼로리가 낮고 비타민이 매우 풍부한 식품이다. 파프리카에는 특히 비타민 A와 비타민 C가 풍부해서 항산화 효과, 피모 건강에 좋다. 칼륨과 엽산, 인도 들어 있고 수분과 식이섬유가 많아 지방을 분해하는 효과도 있어서 비만인 강아지에게 좋다.

블루베리

블루베리에는 비타민 C와 안토시아닌이 풍부해 항산화 효과가 뛰어나다. 특히 안토시아닌 성분은 눈 건강에 좋다. 블루베리를 포도과의 과일이라 생각하여 먹이지 않는 경우도 있는데 소량의 블루베리는 먹어도 괜찮다. 열량도 낮고 식이섬유도 풍부하여 다이어트에 좋으며, 뇌세포와 망막세포의 노화 방지에도 효과가 있다.

완두콩

완두콩에는 식이섬유, 단백질, 칼슘, 비타민 등이 풍부하다. 완두콩은 콩류 중에서도 식이섬유가 많이 들어 있기 때문에 변비 해소에 효과가 있다. 비타민 A, 비타민 B, 엽산, 인, 칼륨, 칼슘도 풍부하여 두뇌 건강, 설사, 소화불량에 효과가 있다.

검은콩

검은콩에는 단백질이 많고 다른 콩에 비해 안토시아닌도 풍부하다. 안토시아닌 성분은 항산화 효과, 눈 건강 증진, 항암 효과가 있다. 단백질뿐 아니라 엽산, 인, 칼륨, 칼슘, 식물성 지방도 풍부하다. 검은콩은 독소와 노폐물 배출에 효과가 좋다.

병아리콩

이집트콩, 칙피로 알려진 병아리콩은 밤처럼 고소한 맛을 내서 강아지가 잘 먹는 재료 중 하나다. 단백질과 칼슘, 식이섬유가 풍부하다. 설사와 소화불량에 효과가 좋다. 통조림으로 판매되는 제품은 나트륨 등 첨가물이 많기 때문에 말린 병아리콩을 사서 하룻밤 불려 사용한다.

한천가루

한천은 해초류인 우뭇가사리로 만든 식품으로 열량이 거의 없다. 한천은 섭취해도 신진대사 과정에서 에너지로 변환되지 않기 때문에 다이어트에 도움이 된다. 포만감을 주면서 변의 양을 늘려주기 때문에 노폐물 배출과 변비 해소에 효과가 있다.

미숫가루

미숫가루는 탄수화물뿐 아니라 미네랄과 비타민이 풍부하다. 미숫가루는 각종 곡물이 지니고 있는 영양소를 골고루 섭취할 수 있다는 장점이 있다. 고소해서 강아지의 입맛에도 잘 맞는 편이다. 하지만 시중에서 판매하는 미숫가루에는 보존제나 나트륨 등 첨가물이 들어가는 경우가 많으므로 잘 살펴보고 구입하는 것이 좋다.

밀가루

밀가루에는 탄수화물을 보충해주는 식품으로 칼륨, 단백질, 엽산 등이 들어 있다. 밀가루를 많이 먹게 되면 쉽게 살찔 수 있기 때문에 조금씩 주는 것이 좋다. 글루텐 함량에 따라 강력분, 중력분, 박력분으로 나뉜다. 쿠키 등의 간식을 만들 때는 글루텐 함량이 가장 낮은 박력분을 사용하는 것이 좋다.

퀴노아

퀴노아는 현미보다 단백질을 훨씬 많이 포함하고 있다. 비타민, 무기질, 칼슘 등이 풍부하게 들어 있다. 필수아미노산도 거의 완벽하게 포함하고 있다. 퀴노아의 껍질에는 사포닌 성분이 함유되어 면역력 강화, 항암 효과가 있다. GI지수가 낮고 글루텐 성분이 없어서 다이어트 하는 강아지나 위장이 약한 강아지에게 좋다.

팥

팥은 탄수화물, 단백질, 비타민 등을 지니고 있는 식품으로 이뇨 작용, 부기 제거, 설사, 소화불량, 해독, 노폐물 배출에 효과가 있다. 특히 안토시아닌을 함유하고 있어 눈 건강, 탈모 등에 도움이 된다. 비타민 B1이 들어 있어 피로 회복과 기력 강화에도 도움이 된다.

오트밀

오트밀은 탄수화물, 단백질, 식이섬유, 칼륨, 인이 풍부한 식품이다. 콜레스테롤을 억제하고 저항력을 키우는 효과가 있다. 칼륨이 풍부하기 때문에 나트륨을 배출시켜 고혈압, 동맥경화, 심장병, 신장병 예방에 도움이 된다.

코티지치즈

코티지치즈는 우유를 응고시킨 후 숙성시키지 않은 상태로 만든 치즈다. 강아지 수제간식에서는 우유에 식초나 레몬즙을 소량 넣어 만들며, 강아지가 우유를 소화시키지 못하는 경우 강아지용 우유나 락토프리 우유를 사용한다. 단백질을 얻을 수 있으며 강아지의 입맛을 돋우기 위해 토핑 재료로 사용한다.

코코넛파우더

코코넛에는 식이섬유, 인, 철분, 단백질, 지방 등이 들어 있다. 코코넛에 들어 있는 칼슘은 뼈를 튼튼하게 만들어주는 역할을 한다. 비타민 성분은 털과 피부를 건강하게 유지해준다. 그러나 코코넛에 들어 있는 지방은 열량이 높지 않아도 포화지방산의 함량이 높으므로 많이 섭취하는 것은 좋지 않다.

파슬리

파슬리에는 베타카로틴, 비타민 A, 비타민 B1, 비타민 B2, 비타민 C가 전부 들어 있어 노화 방지, 항암 효과, 심장병 예방에 좋다. 또 콜레스테롤을 낮추고 면역력을 높여주는 효과도 있다. 식이섬유와 칼륨, 칼륨, 엽산도 풍부하게 들어 있다.

바질

바질은 각종 비타민과 철분, 인 등을 풍부하게 포함하고 있는 향신료다. 베타카로틴, 칼륨도 풍부하다. 바질은 살균효과가 있으며 통증과 염증을 완화시키는 작용을 한다. 항산화 효과와 면역력 강화에도 도움이 된다. 예민해졌을 때나 흥분했을 때 진정 효과도 있다.

캐롭파우더

강아지에게 초콜릿은 위험한 식품이지만 초콜릿과 비슷한 향과 색을 가진 것 중 캐롭이라는 것이 있다. 캐롭에는 카페인이 들어 있지 않아 강아지의 신경계에 영향을 주지 않는다. 칼로리가 낮고, 타닌 성분이 들어 있어 설사에 도움이 된다.

시나몬(계피)파우더

계피에는 비타민, 엽산, 인, 철분, 칼슘이 풍부하다. 계피는 소염·진통 효과가 뛰어나며 감기 예방, 부패 방지에도 효과가 있다. 소화불량과 혈액순환에도 도움이 된다. 하지만 자극이 강하므로 소량씩 사용해야 한다. 임신한 강아지에게는 급여하지 않는다.

아마씨

아마씨에는 오메가3 지방산이 풍부하다. 각종 비타민과 무기질, 식이섬유도 함유하고 있다. 아마씨는 불포화지방산도 함유하고 있어서 고혈압에 효과가 있다. 강아지의 피모 건강과 탈모 개선, 변비 치료에 효과가 있다. 그러나 다량 섭취 시 시안산이 독성으로 작용할 수 있으며 비만이 올 수 있으므로 소량만 급여한다.

검은깨

검은깨에는 식이섬유, 칼륨, 칼슘, 인, 아연, 엽산, 비타민, 단백질이 풍부하게 들어 있다. 항산화 효과가 뛰어난 안토시아닌과 토코페롤 성분이 있어 노화 방지에 효과가 좋다. 빈혈 예방과 콜레스테롤 억제 효과도 있다. 식물성 불포화지방이지만 많이 먹으면 살이 찌기 쉬우므로 소량만 급여한다. 갈아서 파우더로 만들 경우 산화에 주의하여 밀봉해서 보관한다.

우유

우유에는 단백질, 레티놀, 비타민, 인, 칼륨, 칼슘이 풍부하다. 우유에 들어 있는 단백질, 칼슘, 비타민은 뼈를 튼튼하게 하는 역할도 하지만 콜레스테롤을 함유하고 있어 많이 먹으면 좋지 않으며 찬 우유는 설사를 일으킬 수 있다. 일반 우유를 소화시키지 못하거나 알레르기가 있는 강아지에게는 급여하지 않는다.

올리브유

지방도 강아지의 신진대사에서 중요한 역할을 한다. 부족하면 탈모, 유산, 시력 손상, 피부 질환 등이 나타난다. 올리브유는 불포화지방산이 많고 비타민 E가 풍부해 항산화 효과가 있어 좋은 지방 공급원이다. 가열해도 영양분 파괴가 심하지 않아 간식을 만들기에 적합하다. 그러나 열량이 높아 살이 찌기 쉬우므로 소량만 섭취하는 것이 좋다. 당뇨병이 있어 치료를 받는 강아지에게는 급여하지 않는다.

카놀라유

카놀라유는 유채의 꽃씨에서 추출한 오일로 포화지방이 낮고 리놀레산이 풍부한 오일이다. 리놀레산은 혈중 콜레스테롤을 낮추고 심장병을 예방한다. 콜드프레스 기법으로 저온 압착 추출한 오일이 좋으며 GMO는 사용하지 않도록 한다.

꿀

꿀과 설탕은 둘 다 당류지만 설탕이 포도당과 과당으로만 구성된 것에 비해 꿀은 과당, 포도당 이외에도 단백질, 비타민 B 등 영양이 더 높다. 기력이 약한 강아지에게 먹이면 피로와 기력 회복에 좋다. 하지만 꿀은 당분의 흡수가 빠르고 칼로리가 높아 강아지에게 많이 먹이면 비만이 되기 쉬우므로 소량만 사용한다.

개가 먹으면 안 돼요

　강아지가 먹으면 위독한 상황에 처할 수 있는 식자재들이 있습니다. 다음과 같은 재료를 다량 먹었다면 빨리 병원으로 데리고 가야 합니다.

초콜릿

초콜릿에는 테오브로민이라는 성분이 함유되어 있다. 강아지는 테오브로민 성분을 빨리 분해할 수 없기 때문에 강아지에게 치명적인 독이 될 수 있다. 강아지가 초콜릿을 먹으면 흥분, 심장 발작, 구토, 설사, 근육 경련 등의 증상을 보이며 심한 경우 사망할 수도 있다.

양파

양파는 강아지의 적혈구를 손상시키고 빈혈을 유발한다. 유독 성분이 적혈구를 파괴시키기 때문에 빈혈을 유발하며 설사, 구토, 혈뇨, 발열의 원인이 된다. 심한 경우 사망할 수 있다. 양파, 대파, 부추 등의 파과 식물은 전부 급여해서는 안 된다.

포도

포도는 강아지에게 급성신부전을 가져다줄 위험이 있다. 강아지가 포도를 먹게 되면 신장 기능이 급속도로 떨어진다. 보통 체중의 1〜3퍼센트만 먹어도 위험할 수 있다. 특히 껍질에 유의해야 하며 건포도가 들어간 음식도 급여하면 안 된다.

자일리톨

강아지가 자일리톨을 먹게 되면 인슐린 분비가 과다해져 혈당이 떨어지고 간에 손상이 간다. 적은 양의 자일리톨만으로도 강아지에게는 큰 해가 될 수 있다. 강아지가 섭취할 경우 저혈당, 근육경련, 구토, 설사, 간 손상 등의 증상이 나타난다.

과일의 씨

강아지가 과일의 씨를 먹으면 소화기관을 막을 수도 있고 염증을 일으킬 수도 있다. 또 과일의 씨가 내장에 상처를 내면 창자염증(장염), 장폐색 등의 위험이 따른다. 과일의 씨(특히 살구, 복숭아, 자두 등)에 들어 있는 시안화물을 많이 섭취하게 되면 호흡곤란, 쇼크 등을 일으킬 수 있다.

닭뼈

닭뼈처럼 작고 부서지지 않는 뾰족한 뼈들은 장폐색, 내장에 구멍이나 상처를 낼 수 있어 위험하다. 생선뼈와 돼지뼈도 조심하고, 가열 조리된 작고 뾰족한 뼈들도 조심해야 한다. 간식으로 사용하는 뼈들도 과다하게 섭취하면 변비를 일으킬 수 있으니 양에 유의해야 한다.

풋토마토와 감자

토마토와 감자의 푸른 부분에는 솔라닌이 함유되어 있어 독성을 일으킬 수 있다. 특히 감자, 토마토, 가지, 피망 등의 싹과 꼭지에 다량 함유되어 있기 때문에 더욱 주의해야 한다. 솔라닌을 다량 섭취하게 되면 복통, 경련, 호흡곤란, 마비 증상 등을 초래할 수 있다.

검은 반점 고구마

고구마 검은무늬병은 어린 줄기에서부터 검은 반점이 나타나고 이 반점이 점차 잎과 고구마 전체에 퍼지게 된다. 이렇게 검은무늬 반점이 생긴 고구마를 강아지가 먹게 되면 식욕이 떨어지고 호흡곤란, 구토, 충혈, 설사 등의 증상이 나타난다.

술

알코올에 포함된 에탄올은 강아지에게 독이 될 수 있다. 무기력증, 실신, 구토, 탈수, 설사, 발작 등이 일어날 수 있으며 심한 경우에는 뇌 손상과 사망에 이르기까지 한다. 술뿐 아니라 에탄올이 포함된 소독제나 화장품도 주의해야 한다.

사람이 먹던 음식
상한 음식

사람의 음식 중 지나치게 짜거나 단 음식은 지방과 당분, 염분이 많아 신장에 무리를 준다. 설탕을 많이 먹으면 칼슘과 비타민이 부족해지고 비만의 원인이 된다. 마찬가지로 지방도 비만과 혈압 문제 등을 일으킨다. 염분 또한 신장과 심장에 무리를 준다. 하지만 싱겁게 먹고 덜 단 음식이나 채소 위주의 유기농 식사 혹은 혼식을 하면서 개에게 주는 것은 큰 문제가 없다.
강아지도 사람처럼 상한 음식을 먹으면 식중독에 걸릴 수 있다. 강아지가 상한 음식을 먹을 경우 구토, 설사 등의 증세를 보이므로 상한 음식이나 곰팡이가 핀 음식을 강아지에게 먹여서는 안 된다.

잠깐! 주의하세요

견주의 주의가 필요한 음식입니다. 논란이 되는 재료도 있으나 되도록 해당하는 음식은 강아지에게 주지 않는 것이 좋습니다.

녹차, 커피

강아지가 다량의 카페인을 섭취하면 구토, 호흡곤란, 심장 발작, 경련 등의 증상이 나타날 수 있다. 녹차는 논란이 많으나 일부러 급여할 필요는 없다는 것이 전문가들의 지배적인 의견이다.

오징어

오징어나 문어 등의 해산물과 새우나 게 등의 갑각류는 강아지가 소화시키기 어려운 식재료다. 설사나 구토를 일으킬 수 있으며 위에 부담을 주어 위염 등의 병이 발생할 수 있다.

마늘

마늘은 살균 효과가 있고 기생충 예방에도 좋기 때문에 몸무게가 10킬로그램인 강아지에게 마늘 두 알 이내의 소량을 먹이는 것은 큰 무리가 없다. 하지만 과다 섭취할 경우 양파처럼 적혈구에 손상을 입힐 수 있기 때문에 주의해야 한다.

생고기

신선하지 않은 생고기를 강아지가 먹게 되면 박테리아, 살모넬라균, 기생충 등에 전염될 수 있다. 신선한 생고기를 급여하면 치아관리, 비타민과 미네랄 섭취 등의 이점이 있으나 이는 유기농으로 자란 가축의 신선한 생고기를 사용할 경우다. 각종 방부제, 화학 첨가제가 들어간 사료를 먹고 자란 가축의 생고기는 추천하지 않는다.

간

소량의 간은 눈물을 많이 흘리는 강아지에게 효과가 있다고 알려져 있으나, 다량의 간을 먹게 되면 비타민 A가 과다해져 기력움증, 탈모 등의 증상과 뼈가 석회화되어 변형되는 증상이 나타날 수 있다. 특히 임신 중인 강아지가 다량 섭취할 경우 기형아 출산의 위험이 높다.

우유

사람도 그렇지만 일부 개에게도 유제품을 소화시키지 못하는 유당불내증이 있다. 이것은 유당을 분해할 때 필요한 락타아제가 부족하기 때문인데, 락토프리 우유나 강아지용 우유를 사용하면 괜찮다. 우유의 소화가 가능하더라도 차가운 우유를 너무 많이 급여하면 설사를 일으킬 수 있다. 우유 역시 논란이 많은 재료이기 때문에 가능하면 유기농을 권한다.

등푸른생선, 날생선

지방이 많은 어류는 강아지에게 습진과 탈모를 일으킬 수 있다. 특히 날생선은 살모넬라균, 각종 기생충에 감염될 수 있으므로 더욱 조심해야 한다. 날생선을 장기간 급여하면 염증과 근육마비 등의 질병을 일으킬 수 있다.

날달걀의 흰자

날달걀의 흰자에 들어 있는 아비딘 성분은 바이오틴이라는 비타민 B 중 하나가 몸에서 사용되는 것을 방해한다. 날달걀의 흰자를 많이 먹으면 염증, 피부 질환 등의 증상이 나타난다. 또 신선하지 않은 달걀은 대장균 감염으로 식중독의 위험까지 가지고 있다.

소금(나트륨)

강아지에게 염분은 절대 금물이라고 생각하는 사람들이 많지만 실제로 개의 신진대사에 소량의 나트륨은 필요하다. 하지만 강아지는 사람보다 땀샘이 훨씬 적기 때문에 많이 먹을 경우 배출하기가 어렵고 신장에도 부담을 준다. 그러므로 강아지가 먹을 음식을 만들 때에는 최대한 염분을 빼주는 것이 좋다.

시금치

시금치에는 비타민과 칼슘, 철분이 풍부해서 소량을 먹으면 강아지에게 좋지만 다량 섭취할 경우 시금치에 있는 수산이 몸속의 칼슘과 결합하여 신장, 요도에 결석을 가져온다. 당근도 과다하게 섭취하면 같은 원리로 신장결석이 생길 수 있다. 익혀서 먹으면 수산 성분을 줄일 수 있다.

감

감의 씨를 강아지가 삼키게 되면 식도를 막을 위험이 있다. 또한 감을 과다 섭취할 경우 타닌 성분 때문에 변비에 걸릴 수 있다.

마카다미아너트

마카다미아 너트를 많이 먹게 되면 신장에 무리를 주어 경련, 고열, 구토, 무기력증의 증상이 나타날 수 있다.

아보카도

아보카도에 들어 있는 펄신 성분은 강아지에게 독성으로 작용할 수 있다. 펄신에 나쁘게 반응할 경우 심장에 체액이 축적되는 증상과 호흡곤란 증상이 나타날 수 있다.

수제간식의 보관과 급여

시간과 정성을 들여서 만든 강아지 수제간식은 방부제가 들어가지 않은 식품이므로 보관에 특히 신경을 써야 합니다.

이렇게 보관해요

수제간식은 일반적으로 냉장보관 일주일, 냉동보관 한 달 정도가 보관기간이라고 알려져 있는데 품목이나 계절에 따라 약간의 차이가 있습니다. 수분이 없는 건조간식이나 오븐에 구운 쿠키는 조금 더 오래 보관할 수 있고 죽이나 샐러드, 빵 등은 상대적으로 보관기간이 짧습니다. 특히 여름에는 겨울보다 보관에 신경을 써야 합니다.

하지만 방부제가 들어가지 않은 음식이므로 만든 후 최대한 빨리 급여하는 것이 좋습니다. 며칠 안으로 급여하지 않을 수제간식은 밀봉하여 냉동실에 보관해야 합니다. 하루에 먹을 양을 미리 계산해서 해동하면 음식도 상하지 않게 관리할 수 있고 체중 관리도 어렵지 않게 할 수 있습니다. 그러나 냉동한 간식의 경우 처음 만들었을 때와 맛이 다를 수 있습니다. 수제간식을 만들기 위한 생고기 등의 재료도 냉동에서 최대한 3개월까지 보관이 가능합니다.

쿠키나 육포류는 밀봉되는 지퍼백에 담아 보관합니다. 파우더류는 밀폐 유리병에 보관하면 수제간식이나 죽 등을 만들 때 숟가락으로 떠서 사용하기 편리합니다. 빵류는 미리 작은 조각으로 잘라서 보관하면 급여하기도 쉽고 지나친 열량 공급을 하지 않을 수 있습니다.

이렇게 급여해요

생고기를 익히지 않고 간식을 만드는 경우 영하 20도 이하의 냉동실에서 10일 이상 보관해야 기생충 감염의 위험이 적습니다. 연어 역시 연어 중독증을 피하기 위해 반드시 익히거나 영하 20도 이하의 냉동실에서 10일 이상 보관한 연어를 사용해야 합니다. 간식을 만들기 전 30분 정도 식초로 소독하면 더 안전합니다. 콩이나 곡류는 소화하기 쉽도록 불러서 익힌 후 사용해야 합니다. 채소는 잘게 썰어야 소화에 무리가 없고 익혀 먹는 것이 좋은 채소는 비타민이 많이 파괴되지 않도록 살짝만 익혀서 급여하면 됩니다.

냉동시킨 간식은 하루 전에 미리 먹을 만큼 꺼내두어 자연해동 하는 것이 좋지만 만약 꺼내두는 것을 잊어버렸다면 넓은 그릇에 뜨거운 물을 담아 담가두어도 좋습니다. 전자레인지를 사용해서 데울 때는 가급적 플라스틱 용기는 피하고 랩을 씌워야 한다면 전자레인지에 사용가능한 랩을 이용하는 것이 강아지의 건강을 해치지 않는 방법입니다.

좋은 재료를 사용하여 정성들여 만든 수제간식이니만큼 급여하는 양과 횟수에도 신경을 써서 강아지에게 맛있는 간식을 먹을 수 있는 행복과 건강을 함께 선사해 주세요.

촬영에 참여한 강아지들

꽁이

종 : 닥스훈트 블랙탄 브린들
나이 : 3년(촬영 당시)
성별 : 암
몸무게 : 7킬로그램

단이

종 : 닥스훈트 초코탄
나이 : 3년(촬영 당시)
성별 : 암
몸무게 : 6.5킬로그램

딸기

종 : 말티즈
나이 : 1년 6개월(촬영 당시)
성별 : 암
몸무게 : 3.2킬로그램

한스

종 : 잭러셀테리어
나이 : 1년 1개월(촬영 당시)
성별 : 암
몸무게 : 5.8킬로그램

호랑이

종 : 슈나믹스
나이 : 5년(촬영 당시)
성별 : 수
몸무게 : 8.7킬로그램

쫄깃쫄깃 고소고소 짭득짭득
육포와 말랭이

육포와 말랭이는 재료의 손질도 쉬울 뿐 아니라 강아지들에게 기호성도 높아서 가장 많이 만드는 수제간식이에요. 고기는 영하 20도에서 10일 이상 보관한 고기를 사용하고 반드시 식초물에 소독해주는 과정을 거쳐야 기생충 감염의 위험이 적어요.

닭가슴살육포

160g

재료

닭가슴살 500그램

식초물

식초 7큰술, 물 1리터

만들기

1 싱싱한 닭가슴살을 준비한다.

2 닭가슴살은 결을 따라 0.5센티미터 두께로 길게 잘라준다.

3 2의 닭가슴살을 식초물에 30분가량 담가 소독한 후 한두 번 헹군다.

4 소독한 닭가슴살을 건조기에 나란히 올려 60도에서 10시간 건조한다.

Tip

닭가슴살은 지방이 적고 단백질이 풍부해 강아지 간식으로 많이 이용되는 식재료입니다. 육포를 말릴 때는 강아지의 선호도나 나이에 따라 건조시간을 조절하면 됩니다. 강아지가 말랑한 식감을 좋아한다면 건조시간을 7~8시간으로 줄이면 됩니다. 계절과 날씨에 따라서도 건조시간의 차이가 있습니다. 특히 습한 여름에는 12시간 이상 충분히 말릴 것을 권합니다.

오리안심육포

150g

재료

오리안심 500그램

식초물

식초 7큰술, 물 1리터

만들기

1   오리안심은 노란 지방을 제거하여 준비한다.

2   오리안심을 식초물에 30분가량 담가 소독한
    후 한두 번 헹군다.

3   소독한 오리안심을 건조기에 나란히 올려 60
    도에서 10시간 건조한다.

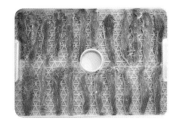

Tip

오리안심은 육류 중에서도 알레르기를 비교적 적게 일으키는 식재료로 강아지의 피모 건강에
좋습니다. 식초물에 소독한 재료는 흐르는 물에 한두 번 헹구어야 식초의 시큼한 냄새가 나지
않습니다.

쇠고기육포

140g

쇠고기 500그램

식초 7큰술, 물 1리터

만들기

1   쇠고기는 핏물을 제거한 후 식초물에 30분가
   량 담가 소독한 후 한두 번 헹군다.

2   소독한 쇠고기를 0.5센티미터 두께로 길게 잘
   라준다.

3   2의 쇠고기를 건조기에 나란히 올려 60도에서
   9시간 건조한다.

Tip

쇠고기에는 양질의 단백질이 풍부하게 함유되어 있습니다. 지방이 많은 부위는 콜레스테롤이
높기 때문에 강아지 수제간식을 만들 때는 지방이 적은 홍두깨살이나 사태를 사용하는 것이
좋습니다.

연어육포

150g

재료   식초물

연어 250그램   식초 7큰술, 물 1리터

만들기

1 연어는 칼로 비늘을 긁어 떼어내고 가시를 제
   거한다.

2 연어를 식초물에 30분가량 담가 소독한 후 한
   두 번 헹군다.

3 소독한 연어는 1센티미터 두께로 잘라준다.

4 3의 연어를 건조기에 나란히 올려 50도에서
   11시간 건조한다.

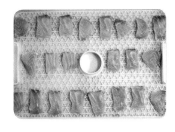

Tip

연어는 낮은 온도에서 천천히 건조시키는 것이 좋습니다. 높은 온도에서 건조하면 오메가3 지
방산이 파괴됩니다. 오메가3는 세포 건강, 피부와 털 건강, 두뇌 향상의 보조 및 심장 건강에
도움이 됩니다. 연어를 잘못 선택하면 연어 중독증에 걸릴 위험이 있습니다. 주로 미생물에 감
염되어 기생충이 있는 생연어를 먹은 개에게 발생하고 구토, 고열, 설사 등의 증상이 나타납니
다. 이를 방지하기 위해 생연어를 사용할 때는 영하 20도 이하의 온도에서 10일 이상 보관한
연어를 사용하는 것이 좋습니다.

건조멸치

70g

재료

멸치 100그램

만들기

1 멸치는 찬물에 담가 12시간가량 염분을 빼준다.

2 2차로 염분을 제거하기 위해 끓는 물에 멸치를 데치며 거품을 걷어낸다.

3 2의 멸치를 건조기에 나란히 올려 60도에서 7시간 건조한다.

Tip
건조 멸치는 작고 보관이 편리하기 때문에 훈련 후 보상으로 주기 좋은 간식입니다. 염분을 제거한 멸치는 칼슘과 무기질 공급에 좋은 재료입니다.

북어포

90g

재료

북어채 100그램

만들기

1 북어채는 찬물에 담가 12시간가량 염분을 빼
   준다.

2 2차로 염분을 제거하기 위해 끓는 물에 북어채
   를 데치며 거품을 걷어낸다.

3 2의 북어채를 건조기에 나란히 올려 60도에서
   7시간 건조한다.

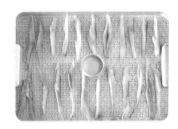

Tip
      찬물에서 북어채의 염분을 빼줄 때는 깨끗한 물을 자주 갈아주는 것이 좋습니다. 또 북어채에
      남아 있는 큰 가시는 건조 전에 미리 제거해야 합니다.

소간육포

360g

소간 1킬로그램

만들기

1 소간은 핏물을 제거하여 준비한다.

2 핏물을 제거한 소간은 끓는 물에 익힌다.

3 익힌 소간은 1센티미터 두께로 잘라준다.

4 3의 소간을 건조기에 나란히 올려 60도에서
   12시간 건조한다.

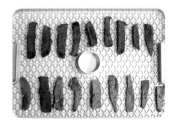

Tip

소간은 철분과 비타민이 풍부해 평소 눈물이 많은 강아지에게 효과가 있습니다. 하지만 다량
으로 급여하면 비타민 A 과다증으로 간에 부담을 줄 수 있기 때문에 급여량 조절이 필요합니
다. 소간을 급여할 때는 하루에 먹는 양의 10퍼센트 이내로 소량만 줄 것을 권합니다.

파슬리토핑닭가슴살육포

160g

재료

닭가슴살 500그램

드라이파슬리 3그램

식초물

식초 7큰술

물 1리터

만들기

1 닭가슴살은 결을 따라 0.5센티미터 두께로 길
   게 잘라준다.

2 1의 닭가슴살을 식초물에 30분가량 담가 소독
   한 후 한두 번 헹군다.

3 닭가슴살 위에 드라이파슬리를 올려준다.

4 파슬리를 올린 닭가슴살을 건조기에 나란히
   올려 60도에서 10시간 건조한다.

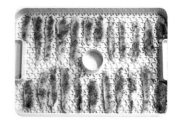

Tip

비타민이 풍부한 파슬리는 콜레스테롤의 수치를 낮춰주고 노화 방지에도 효과가 좋습니다. 드
라이파슬리 대신 다양한 허브와 파우더를 응용해 보세요. 오레가노, 바질 등의 허브도 활용해
보세요. 또 멸치파우더(143쪽), 북어파우더(145쪽) 등을 뿌리면 기호성이 훨씬 좋아집니다.

바질토핑오리안심육포

160g

재료

오리안심 500그램

드라이바질 3그램

식초물

식초 7큰술

물 1리터

만들기

1 오리안심은 노란 지방을 제거하여 준비한다.

2 1의 오리안심을 식초물에 30분가량 담가 소독
   한 후 한두 번 헹군다.

3 오리안심 위에 드라이바질을 올려준다.

4 바질을 올린 오리안심을 건조기에 나란히 올
   려 60도에서 10시간 건조한다.

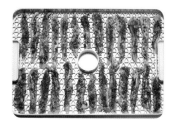

Tip
바질은 향이 강해서 육포에 올려주면 고기 특유의 누린내를 잡아주지요. 또한 바질에는 살균
작용 및 염증과 통증 완화 효과가 있습니다.

고구마말랭이

210g

재료

고구마 500그램

만들기_

1   고구마를 깨끗이 씻어 찜통에 찐다.

2   익은 고구마는 1센티미터 두께의 막대모양으
    로 잘라준다.

3   2의 고구마를 건조기에 나란히 올려 60도에서
    10시간 건조한다.

 Tip

고구마를 건조할 때는 중간중간 한 번씩 뒤집어주어야 건조기 바닥에 달라붙지 않습니다. 건
조한 채소와 과일은 수분이 남아 있기 때문에 상하기 쉬우므로 반드시 냉동보관해야 합니다.

단호박말랭이

180g

단호박 500그램

만들기

1 단호박은 반으로 잘라 씨를 빼고 찜통에 찐다.

2 익은 단호박은 1센티미터 두께로 잘라준다.

3 2의 단호박을 건조기에 나란히 올려 60도에서
9시간 건조한다.

Tip

단호박을 찔 때 자른 단면이 위쪽을 향하면 씨를 뺀 오목한 부분에 수분이 고여 맛도 떨어지고
칼질하기도 어려우므로 자른 단면이 아래쪽을 향하게 올려놓고 찌는 것이 좋습니다. 단호박을
너무 오래 찌면 자를 때 으깨지니 설익도록 5분 이내로 쪄야 합니다.

바나나말랭이

90g

재료

바나나 500그램

만들기_

1 바나나는 껍질을 벗겨 1센티미터 두께로 어슷
   하게 썰어준다.

2 1의 바나나를 건조기에 나란히 올려 60도에서
   12시간 건조한다.

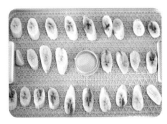

Tip

바나나는 나트륨 배출과 면역력 향상에 도움이 되는 과일이지만 너무 많이 급여하면 칼륨 과
다로 신장에 무리를 줄 수 있으니 급여량에 주의해야 합니다. 바나나말랭이는 다른 채소나 과
일과 달리 건조 후에도 끈적임이 있으니 밀폐용기나 지퍼백에 밀봉해서 보관해야 합니다.

사과말랭이

80g

사과 550그램

만들기_

1 사과는 깨끗하게 씻어 준비한다.

2 사과는 씨를 말끔히 제거한 후 0.5센티미터 두
   께로 썰어준다.

3 2의 사과를 건조기에 나란히 올려 60도에서
   10시간 건조한다.

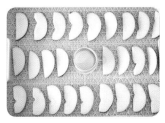

Tip 사과 껍질에는 식이섬유는 물론이고 항산화 효과에 뛰어난 폴리페놀 성분이 들어 있기 때문에
     깨끗하게 씻어 껍질째 먹는 것이 좋습니다.

돌돌 말아 둘이 하나되는
말이간식

말이간식은 다양한 재료를 활용해서 만들 수 있다는 장점이 있어요. 여기에서는 대표적인 재료인
닭가슴살, 오리안심, 쇠고기와 고구마, 단호박, 북어채를 사용해 보았어요. 살짝 익힌 당근, 무 등
집에 있는 다양한 재료들을 응용해서 만들어 보세요.

닭가슴살단호박말이

180g

재료

닭가슴살 300그램

단호박 350그램(1/3개)

식초물

식초 7큰술

물 1리터

만들기

1 닭가슴살은 식초물에 30분가량 담가 소독한 후 한두 번 헹군다.

2 닭가슴살은 결을 따라 0.3센티미터 두께로 길게 잘라준다.

3 단호박은 씨를 제거하고 찐 후 0.5센티미터 두께로 잘라준다.

4 닭가슴살을 단호박에 돌돌 말아 70도에서 12시간 건조한다.

 Tip

닭가슴살은 너무 두툼하지 않게 잘라야 합니다. 닭가슴살을 손질할 때는 최대한 얇고 길게 잘라야 재료에 말기 편합니다.

오리안심단호박말이

160g

재료

오리안심 300그램

단호박 350그램

식초물

식초 7큰술

물 1리터

만들기

1 오리안심은 노란 지방을 제거한 후 식초물에
   30분가량 담가 소독한 후 한두 번 헹군다.

2 단호박은 씨를 제거하고 찐 후 0.5센티미터 두
   께로 잘라준다.

3 오리안심을 단호박에 돌돌 말아 70도에서 12
   시간 건조한다.

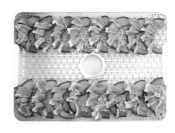

Tip

오리안심이 두툼해서 단호박에 잘 말아지지 않을 때는 오리안심을 밀대로 눌러가며 밀어주면
됩니다. 이 과정을 거치면 오리안심이 얇아지기 때문에 손질이 쉬워집니다.

쇠고기단호박말이

130g

재료

쇠고기 사태 300그램

단호박 350그램

식초물

식초 7큰술

물 1리터

만들기

1 쇠고기는 식초물에 30분가량 담가 소독한 후
   한두 번 헹군다.

2 소독한 쇠고기는 0.3센티미터 두께로 세로로
   길게 잘라준다.

3 단호박은 씨를 제거하고 찐 후 0.5센티미터 두
   께로 잘라준다.

4 쇠고기를 단호박에 돌돌 말아 70도에서 11시
   간 건조한다.

Tip
　　　쇠고기는 닭가슴살이나 오리안심에 비해 조금 빨리 건조되는 편입니다. 건조하는 도중에 건조
　　　기를 열어보고 알맞은 정도로 건조되었는지 확인해 주세요.

닭가슴살고구마말이

220g

재료 식초물

닭가슴살 300그램 식초 7큰술

고구마 400그램 물 1리터

만들기

1 닭가슴살은 식초물에 30분가량 담가 소독한
후 한두 번 헹군다.

2 닭가슴살은 결을 따라 0.3센티미터 두께로 길
게 잘라준다.

3 고구마는 쪄서 한김 식힌 후 1센티미터 두께로
길게 잘라준다.

4 닭가슴살을 고구마에 돌돌 말아 70도에서 13
시간 건조한다.

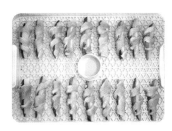

Tip

고구마에는 비타민, 칼륨, 식이섬유가 많아 변비 해소와 나트륨 배출에 효과가 있습니다. 달콤
한 고구마에 닭가슴살을 말아주면 덤으로 단백질도 보충할 수 있지요.

오리안심고구마말이

220g

재료

오리안심 300그램

고구마 400그램

식초물

식초 7큰술

물 1리터

만들기

1 오리안심은 노란 지방을 제거한 후 식초물에
   30분가량 담가 소독한 후 한두 번 헹군다.

2 고구마는 쪄서 한김 식힌 후 1센티미터 두께로
   길게 잘라준다.

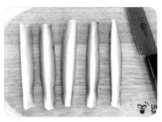

3 오리안심을 고구마에 돌돌 말아 70도에서 13
   시간 건조한다.

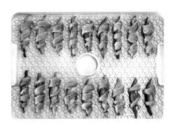

 Tip

오리고기에는 불포화지방산과 비타민, 철분이 들어 있습니다. 새로운 조직 세포가 형성되도록
두움을 주기 때문에 털이 많이 빠지는 강아지나 상처가 난 강아지에게 아주 좋습니다.

쇠고기고구마말이

220g

재료

쇠고기 사태 300그램

고구마 400그램

식초물

식초 7큰술

물 1리터

만들기

1 쇠고기는 식초물에 30분가량 담가 소독한 후
   한두 번 헹군다.

2 소독한 쇠고기는 0.3센티미터 두께로 길게 잘
   라준다.

3 고구마는 쪄서 한김 식힌 후 1센티미터 두께로
   길게 잘라준다.

4 쇠고기를 고구마에 돌돌 말아 70도에서 12시
   간 건조한다.

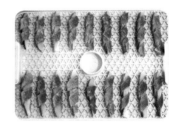

 Tip

고구마에는 식이섬유뿐 아니라 비타민 C도 들어 있습니다. 고구마에 들어 있는 비타민 C는 쇠
고기에 들어 있는 철분의 흡수를 높여주는 역할을 합니다.

73

닭가슴살북어채말이

90g

재료

닭가슴살 300그램

북어채 40그램

식초물

식초 7큰술

물 1리터

만들기

1 북어채는 찬물에 담가 12시간가량 염분을 빼
   준다.

2 2차로 염분을 제거하기 위해 끓는 물에 북어채
   를 데치며 거품을 걷어낸다.

3 닭가슴살은 식초물에 30분 정도 담가 소독한
   후 한두 번 헹군다.

4 닭가슴살은 결을 따라 0.3센티미터 두께로 길
   게 잘라준다.

5 염분을 뺀 북어채에 닭가슴살을 돌돌 말아 70
   도에서 11시간 건조한다.

Tip 북어는 단백질과 아미노산 함유량이 높아 강아지 보약이라고 알려져 있습니다. 하지만 시판용
북어채는 나트륨 함량이 높기 때문에 반드시 염분을 제거하는 과정을 거쳐야 합니다.

오리안심북어채말이

90g

재료_

오리안심 300그램

북어채 40그램

식초물_

식초 7큰술

물 1리터

만들기_

1 북어채는 찬물에 담가 12시간가량 염분을 빼
   준다.

2 2차로 염분을 제거하기 위해 끓는 물에 북어채
   를 데치며 거품을 걷어낸다.

3 오리안심은 노란 지방을 제거한 후 식초물에
   30분 정도 담가 소독한 후 한두 번 헹군다.

4 오리안심을 북어채에 돌돌 말아 70도에서 11
   시간 건조한다.

Tip 시중에서 판매되는 오리안심은 말이간식을 만들기에 살짝 크고 도톰한 감이 있습니다. 오리안
     심을 밀대로 얇게 밀거나 칼로 반을 잘라서 사용해도 됩니다.

쇠고기북어채말이

90g

재료

쇠고기 사태 300그램

북어채 40그램

식초물

식초 7큰술

물 1리터

만들기

1 북어채는 찬물에 담가 12시간가량 염분을 빼
   준다.

2 2차로 염분을 제거하기 위해 끓는 물에 북어채
   를 데치며 거품을 걷어낸다.

3 쇠고기는 식초물에 30분 정도 담가 소독한 후
   한두 번 헹구어 0.3센티미터 두께로 길게 잘라
   준다.

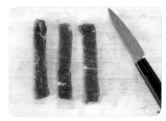

4 쇠고기를 북어채에 돌돌 말아 70도에서 11시
   간 건조한다.

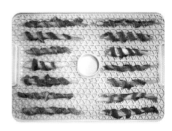

Tip
   쇠고기와 북어 모두 저지방 고단백 식품이지만 열량이 낮은 편은 아니기 때문에 과다하게 급
   여하면 쉽게 살찔 수 있습니다.

씹고 뜯고 맛보며 스트레스 제로에 도전!
뼈껌

치아 구조와 생체 구조가 사람과 다른 강아지에게 가장 적합한 간식 중 하나예요. 뼈껌은 치석 제거, 스트레스 감소에 효과가 있고, 칼슘을 공급해주지요. 단, 뼈껌을 먹다가 작은 뼛조각을 삼키면 다칠 수 있기 때문에 뼈껌을 급여할 때는 주의 깊게 지켜보는 것이 좋아요.

오리목뼈껌

520g

재료_

오리목뼈 1킬로그램

식초물_

식초 7큰술

물 1리터

만들기_

1 8~10센티미터 길이로 자른 싱싱한 오리목뼈
   를 준비한다.

2 오리목뼈에 붙어 있는 하얀 지방을 깨끗하게
   제거한다.

3 2의 오리목뼈를 깨끗한 물에 3시간가량 담가
   핏물을 제거하고 식초물에 30분 정도 소독한
   후 한두 번 헹군다.

4 오리목뼈를 건조기에 나란히 올려 50도에서
   13시간 건조한다.

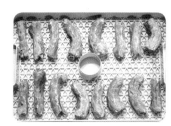

Tip

오리목뼈껌은 뼈까지 오독오독 전부 씹어서 먹을 수 있습니다. 뼈를 먹으면 강아지의 변에서
하얀 뼈 성분이 나오기도 하는데 정상이니 놀라지 않아도 됩니다. 다만 뼈껌을 너무 많이 급여
하면 변비가 올 수 있으니 매일 주기에는 적합하지 않습니다.

핏물을 제거할 때는 수시로 물을 갈아주어야 합니다. 핏물을 제거하면 건조하면서 나는 고기
특유의 누린내를 없앨 수 있지요. 지나치게 오래 물에 담가둘 경우 영양분이 손실될 수 있으니
적당한 시간 내에 핏물을 제거해야 합니다.

무뼈닭발껌

180g

재료

무뼈닭발 500그램

만들기_

1 싱싱한 무뼈닭발을 밀가루로 문질러 깨끗하게
   닦아준다.

2 제거되지 않은 발톱 등을 손질한다.

3 2의 무뼈닭발을 끓는 물에 15분가량 삶는다.

4 무뼈닭발을 건조기에 나란히 올려 50도에서
   10시간 건조한다.

Tip
     닭고기의 뼛조각은 고온에서 익힐 경우 뽀족하게 부서지기 때문에 강아지에게 위험하므로 무
     뼈닭발을 사용합니다.

캥거루꼬리뼈껌

550g

재료

캥거루꼬리뼈 1킬로그램

식초물

식초 7큰술, 물 1리터

만들기

1 1~1.5센티미터 두께로 자른 싱싱한 캥거루꼬
   리뼈를 준비한다.

2 캥거루꼬리뼈에 붙어 있는 지방이나 잔여물을
   깨끗하게 제거한다.

3 2의 캥거루꼬리뼈를 깨끗한 물에 3시간가량
   담가 핏물을 제거하고 식초물에 30분 정도 소
   독한 후 한두 번 헹군다.

4 캥거루꼬리뼈를 건조기에 나란히 올려 50도
   에서 11시간 건조한다.

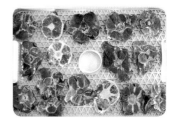

 Tip
여름철에는 고온에서 3시간 정도 짧게 건조시킨 후 온도를 내려 오랜 시간 건조시키면 부패를
막을 수 있습니다.

양목뼈껌

550g

재료   식초물

양목뼈 1킬로그램   식초 7큰술, 물 1리터

만들기

1 1~1.5센티미터 두께로 자른 싱싱한 양목뼈를
   준비한다.

2 양목뼈에 붙어 있는 지방이나 잔여물을 깨끗
   하게 제거한다.

3 2의 양목뼈를 깨끗한 물에 3시간가량 담가 핏
   물을 제거하고 식초물에 30분 정도 소독한 후
   한두 번 헹군다.

4 목뼈를 건조기에 나란히 올려 50도에서 16시
   간 건조한다.

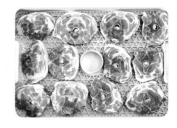

Tip
   뼈껌은 고온보다는 저온에서 건조시키기를 추천합니다. 저온에서 건조하면 영양분 손실이 적
   을 뿐 아니라 먹는 도중 뼈가 쪼개져서 강아지들이 다치는 위험을 예방할 수노 있습니다. 먹고
   남은 작은 뼛조각은 삼키기 전에 빼앗아야 합니다.
   양목뼈는 지방이 많은 편이므로 건조하기 전에 미리 지방을 도려내는 것도 좋은 방법입니다.

돼지껍데기껌

150g

재료

돼지껍데기 500그램

만들기_

1 돼지껍데기를 끓는 물에 20분가량 삶는다.

2 돼지껍데기 뒷면의 하얀 지방을 칼로 도려내
  듯 제거한다.

3 2의 돼지껍데기를 가로 2센티미터, 세로 8센
  티미터 크기로 잘라준다.

4 돼지껍데기를 건조기에 나란히 올려 50도에
  서 12시간 건조한다.

Tip
돼지껍데기는 저온에서 오래 건조시켜야 건조기에 기름이 많이 떨어지지 않습니다.
돼지껍데기를 끓는 물에 익히면 소독도 되고 부드러워져서 손질하기에도 훨씬 수월합니다.

소떡심껌

280g

재료

소떡심 500그램

만들기

1 소떡심에 붙어 있는 하얀 지방막을 제거하여
  준비한다.

2 소떡심을 끓는 물에 20분가량 삶는다.

3 2의 소떡심을 1센티미터 두께로 잘라준다.

4 소떡심을 건조기에 나란히 올려 50도에서 11
  시간 건조한다.

Tip

소떡심은 등심 부위에 있는 소의 힘줄(인대)로 노란색을 띠고 있습니다. 소떡심을 말리면 적당
히 딱딱하여 씹기 좋은 식감이 되기 때문에 강아지들의 껌으로 만들어 주면 스트레스 해소에
도움이 됩니다.

오리연골껌

260g

재료

오리연골 1킬로그램

만들기_

1 오리연골에 붙어 있는 노란 지방을 제거하여
   준비한다.

2 1의 오리연골을 끓는 물에 10분가량 삶는다.

3 오리연골을 건조기에 나란히 올려 50도에서
   11시간 건조한다.

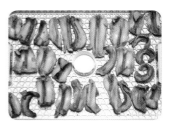

Tip
    오리연골을 끓는 물에 삶으면 연골이 둥글게 휘어집니다. 만약 일자로 곧게 뻗은 오리연골껌
    을 만들고 싶다면 끓는 물에 소독하는 시간을 약간 줄이면 됩니다.

동글동글 귀엽고 길쭉길쭉 날씬해

볼과 스틱

작게 만든 볼간식은 훈련 후 칭찬용 보상으로 주기에 좋은 간식으로 다양한 재료를 사용하여 기호성이 높아요. 으깬 채소와 다진 고기를 사용했기 때문에 말랑하게 만들면 이빨이 약한 노령견에게도 적합해요. 채소와 고기의 궁합을 맞춰서 영양가 높은 스틱 간식도 만들어 보세요.

코코넛단호박볼

200g

코코넛롱슬라이스 150그램, 단호박 300그램

만들기

1 단호박은 껍질을 벗기고 씨를 제거한 후 찜통
   에 익힌다.

2 잘 익은 단호박을 넓은 볼에 넣고 으깬다.

3 2에 분량의 코코넛을 넣고 반죽한다.

4 지름 2센티미터의 볼모양으로 빚은 코코넛단
   호박볼을 60도에서 13시간 건조한다.

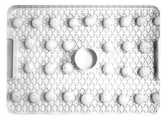

Tip
　　　코코넛슬라이스가 단호박의 수분을 잡아주기 때문에 따로 쌀가루를 넣을 필요가 없습니다. 건
조시켰을 때 코코넛 향이 달콤해서 기호성도 높지요.

참치고구마볼

340g

재료

통조림참치 150그램, 고구마 500그램, 쌀가루 80그램

만들기

1   고구마는 깨끗이 씻은 후 찜통에 익힌다.

2   잘 익은 고구마를 넓은 볼에 넣고 으깬다.

3   끓는 물에 데쳐 염분을 뺀 참치와 쌀가루를 2
    에 넣고 반죽한다.

4   지름 2센티미터의 볼모양으로 빚은 참치고구
    마볼을 60도에서 16시간 건조한다.

Tip

참치는 끓는 물에 데쳐 염분을 뺀 후 키친타월이나 체에 밭쳐 눌러가며 물기를 완전히 제거해
야 합니다. 참치에 물기가 많으면 동그랗게 빚기 어렵습니다.

사과고구마볼

330g

재료

사과 80그램, 고구마 500그램, 쌀가루 70그램

만들기_

1   고구마는 깨끗이 씻은 후 찜통에 익힌다.

2   잘 익은 고구마를 넓은 볼에 넣고 으깬다.

3   잘게 썬 사과와 쌀가루를 2에 넣고 반죽한다.

4   지름 2센티미터의 볼모양으로 빚은 사과고구
   마볼을 60도에서 16시간 건조한다.

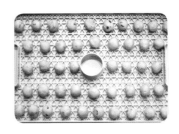

Tip   건조기에서 고구마볼을 건조시킬 때에는 건조기 바닥에 반죽이 눌러 붙지 않도록 중간에 한
   번씩 굴려주는 것이 좋습니다.

치즈고구마볼

330g

재료

코티지치즈 100그램, 고구마 500그램, 쌀가루 60그램

만들기

1   고구마는 깨끗이 씻은 후 찜통에 익힌다.

2   잘 익은 고구마를 넓은 볼에 넣고 으깬다.

3   코티지치즈와 쌀가루를 2에 넣고 반죽한다.

4   지름 2센티미터의 볼모양으로 빚은 치즈고구
   마볼을 60도에서 16시간 건조한다.

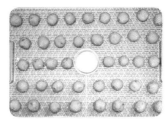

Tip
   코티지치즈 만드는 법은 249쪽의 코티지치즈토핑을 참고하세요.

블루베리고구마볼

330g

재료

블루베리 100그램, 고구마 500그램, 쌀가루 100그램

만들기_

1 고구마는 깨끗이 씻은 후 찜통에 익힌다.

2 잘 익은 고구마를 넓은 볼에 넣고 으깬다.

3 블루베리와 쌀가루를 2에 넣고 반죽한다.

4 지름 2센티미터의 볼모양으로 빚은 블루베리
   고구마볼을 60도에서 16시간 건조한다.

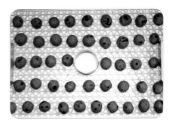

Tip   보라색 과일에 들어 있는 안토시아닌은 사람뿐 아니라 강아지의 눈 건강에도 효과가 있습니
다. 항산화 효과가 뛰어난 블루베리는 식이섬유도 많고 저열량이어서 강아지 간식 재료로 추
천합니다.

107

브로콜리단호박볼

250g

재료

브로콜리 30그램, 단호박 300그램, 쌀가루 120그램

만들기_

1 단호박은 껍질을 벗기고 씨를 제거한 후 찜통
  에 익힌다.

2 잘 익은 단호박을 넓은 볼에 넣고 으깬다.

3 브로콜리는 살짝 데쳐서 준비한다.

4 2에 분량의 쌀가루와 잘게 다진 브로콜리를 넣
  고 반죽한다.

5 지름 2센티미터의 복모양으로 빚은 브로콜리
  단호박볼을 60도에서 14시간 건조한다.

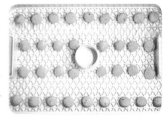

Tip

브로콜리와 단호박에는 비타민 A, 비타민 C가 풍부하
고 칼륨과 비타민 E도 들어 있어 노폐물 배출과 피부
건강에 좋습니다.

닭가슴살파프리카스틱

160g

재료

다진 닭가슴살 500그램, 빨간 파프리카 100그램

만들기_

1 넓은 볼에 다진 닭가슴살을 준비한다.

2 잘게 썬 파프리카를 1에 넣고 섞는다.

3 지퍼백(혹은 비닐봉지)에 얇고 평평하게 넣어 냉
   동시킨다.

4 칼로 가로 2센티미터, 세로 9센티미터의 스틱
   모양으로 썰어 70도에서 12시간 건조한다.

Tip
다진 고기 반죽은 두께를 1센티미터 이하로 얇게 얼려주는 것이 좋습니다. 너무 두껍게 얼리면
나중에 칼로 썰기 어려우니 미리 칼집을 만들어 얼리는 것도 방법입니다.

닭안심브로콜리스틱

160g

다진 닭안심 500그램, 브로콜리 100그램

만들기

1 넓은 볼에 다진 닭안심을 준비한다.

2 끓는 물에 살짝 데친 브로콜리를 잘게 썰어 1
에 넣고 섞는다.

3 지퍼백(혹은 비닐봉지)에 얇고 평평하게 넣어 냉
동시킨다.

4 칼로 가로 2센티미터, 세로 9센티미터의 스틱
모양으로 썰어 70도에서 12시간 건조한다.

Tip

닭가슴살과 닭안심은 다른 부위입니다. 닭가슴살은 닭의 가슴 전체를 덮고 있는 근육 부분이
고 닭안심은 닭가슴살 안쪽에 가늘게 붙어 있는 살입니다. 안심살이 닭가슴살보다 조금 더 부
드럽지만 인을 다량 함유하고 있기 때문에 과다하게 급여하는 것은 좋지 않습니다.

오리안심배추스틱

140g

다진 오리안심 500그램, 배추 50그램

만들기_

1 넓은 볼에 곱게 다진 오리안심을 준비한다.

2 잘게 썬 배추를 1에 넣고 섞는다.

3 지퍼백(혹은 비닐봉지)에 얇고 평평하게 넣어 냉
  동시킨다.

4 칼로 가로 2센티미터, 세로 9센티미터의 스틱
  모양으로 썰어 70도에서 12시간 건조한다.

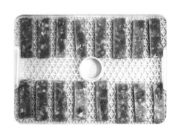

Tip

배추는 칼로리가 낮고 식이섬유가 많으며 칼륨이 함유되어 변비 해소, 노폐물 배출, 위장 활동
에 도움이 되는 채소입니다.

두부당근스틱

150g

두부 400그램, 당근 100그램, 쌀가루 50그램

만들기_

1 넓은 볼에 끓는 물에 데쳐 염분을 제거한 두부
   를 으깨어 준비한다.

2 당근을 잘게 썰어 쌀가루와 함께 1에 넣고 섞
   는다.

3 지퍼백(혹은 비닐봉지)에 얇고 평평하게 넣어 냉
   동시킨다.

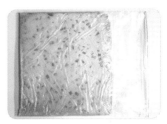

4 칼로 가로 2센티미터, 세로 9센티미터의 스틱
   모양으로 썰어 70도에서 11시간 건조한다.

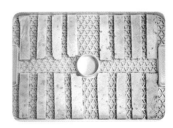

Tip

두부의 염분은 깨끗한 물에 반나절 이상 담가두면 빠지고 끓는 물에 데칠 때는 20분 정도 끓
여주면 됩니다. 두부를 으깨어 사용할 때는 깨끗한 면보자기를 이용해서 물기를 제거해주는
것이 좋습니다.

쇠고기양배추스틱

160g

재료

다진 홍두깨살 500그램, 양배추 80그램

만들기

1 넓은 볼에 곱게 다진 쇠고기 홍두깨살을 준비
   한다.

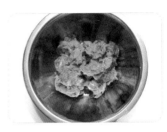

2 잘게 썬 양배추를 1에 넣고 섞는다.

3 지퍼백(혹은 비닐봉지)에 얇고 평평하게 넣어 냉
   동시킨다.

4 칼로 가로 2센티미터, 세로 9센티미터의 스틱
   모양으로 썰어 70도에서 12시간 건조한다.

Tip 양배추는 위에 좋을 뿐만 아니라 비타민 C가 풍부해서 쇠고기와 궁합이 잘 맞습니다. 단, 갑상
선 질환이 있는 경우 양배추에 들어 있는 고이트로겐이 요오드 작용을 방해하기 때문에 양배
추를 생으로 먹지 않는 것이 좋다고 합니다.

오리안심연근스틱

170g

재료

다진 오리안심 500그램, 연근 100그램

만들기

1 넓은 볼에 곱게 다진 오리안심을 준비한다.

2 연근은 살짝 데쳐 잘게 썰어 1에 넣고 섞는다.

3 지퍼백(혹은 비닐봉지)에 얇고 평평하게 넣어 냉
   동시킨다.

4 칼로 가로 2센티미터, 세로 9센티미터의 스틱
   모양으로 썰어 70도에서 12시간 건조한다.

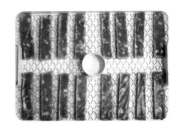

Tip

연근에는 식이섬유뿐 아니라 무기질, 비타민 C, 타닌, 칼륨, 첨분 등이 풍부하게 함유되어 있습
니다. 연근 속에 들어 있는 타닌은 수렴 작용과 지혈 · 소염 효과가 있어서 상처 회복이나 빈혈
을 예방합니다.

땡! No 오븐, No 건조기
전자레인지 간식

오븐이나 건조기가 없어도 전자레인지를 이용하여 손쉽게 만들 수 있는 간식을 모았어요. 전자레인지를 이용하면 무엇보다 빠른 조리시간이 큰 장점이지요. 단, 전자레인지는 오래 사용하여 가열하면 수분이 다 날아가 딱딱해질 수 있기 때문에 조리시간을 잘 맞추는 것이 중요해요.

두부과자

90g

재료

두부 300그램

만들기

1 두부는 끓는 물에 20분가량 데쳐 염분을 제거
   한다.

2 1의 두부를 가로x세로 2센티미터의 크기로 잘
   라준다.

3 두부의 물기를 키친타월로 제거하고 전자레인
   지에서 7분 정도 익혀준다.

Tip   처음에 5분 익힌 후 두부를 한 번 뒤집어서 2분 정도 더 익히면 더욱 바삭해집니다. 전자레인
      지의 사양에 따라 약간의 차이가 있습니다.

고구마칩

45g

고구마 200그램

1 깨끗하게 씻은 고구마는 최대한 얇게 썰어준
    다.
2 고구마를 전자레인지에 넣고 1분씩 돌려가며
    익혀준다.

고구마의 두께에 따라 익히는 시간도 달라집니다. 급하게 한 번에 고구마를 익히려고 하면 설
익거나 타버리기 쉽습니다. 고구마를 익힐 때는 한번에 돌리지 말고 1분씩 나누어 수분을 날려
주면서 익혀야 타지 않고 바삭해집니다.

고구마꿀빵

160g

찐 고구마 180그램, 꿀 1큰술, 우유 2큰술, 달걀 1개

만들기

1 찐 고구마는 넓은 볼에 으깨어 준비한다.

2 꿀, 우유, 달걀을 으깬 고구마에 넣고 덩어리지
  지 않도록 거품기로 곱게 섞는다.

3 전자레인지 사용 가능한 그릇에 반죽을 넣고
  전자레인지에서 4~5분 익혀준다.

Tip
　　　달걀 흰자를 이용해 따로 머랭을 만들지 않았기 때문에 반죽을 거품기로 섞을 때 최대한 고운
반죽이 되도록 저어주어야 합니다.

단호박빵

150g

찐 단호박 180그램, 달걀 1개

만들기_

1 달걀의 흰자와 노른자를 분리한 후 거품기로
   흰자를 저어 머랭을 만든다.

2 찐 단호박은 달걀 노른자를 섞어 으깨어 준비
   한다.

3 머랭을 으깬 단호박에 넣고 살살 섞는다.

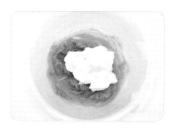

4 그릇에 반죽을 넣고 전자레인지에서 4분가량
   익혀준다.

Tip

머랭을 만들 때에는 볼을 뒤집어도 흰자가 흘러내리지 않을 만큼 충분히 저어주어야 합니다.
거품기로 머랭을 들어 올렸을 때 뿔처럼 모양이 나오면 충분합니다. 머랭을 반죽과 섞을 때에
는 살며시 섞어야 머랭의 부피가 죽지 않습니다.

닭가슴살달걀밥

240g

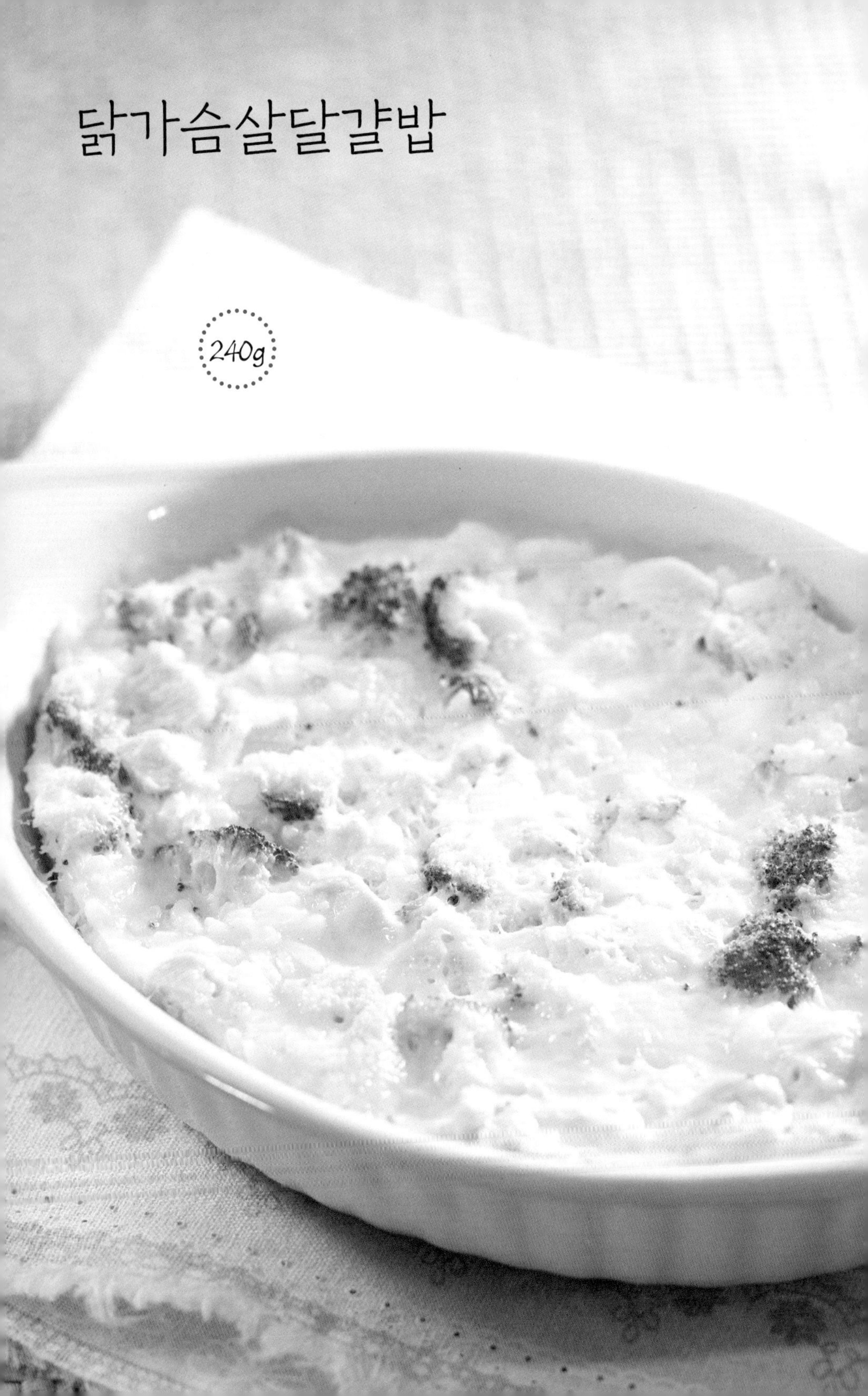

재료

닭가슴살 60그램, 브로콜리 30그램, 달걀 2개, 물 100밀리리터, 찬밥 80그램

만들기

1 싱싱한 닭가슴살은 가로x세로 1센티미터 크기
   로 썰어 끓는 물에 데쳐 준비한다.
2 브로콜리도 살짝 데친 후 잘게 썰어 준비한다.

3 달걀물에 익힌 닭가슴살, 브로콜리 그리고 찬
   밥을 넣고 섞는다.

4 3을 그릇에 담아 전자레인지에서 6분가량 익
   혀준다.

Tip

찬밥이 남았을 때 간편하게 만들 수 있는 요리입니다. 꼭 닭가슴살과 브로콜리가 아니어도 냉
장고에 있는 자투리 채소와 고기를 이용하면 냉장고 청소도 되고 맛있는 강아지 간식도 만들
수 있어 일석이조입니다.

버섯달걀밥

270g

재료

새송이버섯 30그램, 표고버섯 30그램, 달걀 2개, 물 100밀리리터, 찬밥 80그램

만들기

1 새송이버섯과 표고버섯은 잘게 썰어 준비한
 다.

2 달걀물에 새송이버섯과 표고버섯 그리고 찬밥
 을 넣고 골고루 섞는다.

3 2를 그릇에 담아 전자레인지에서 6분가량 익
 혀준다.

Tip

표고버섯에는 비타민 D가 들어 있습니다. 표고버섯은 변비 예방, 면역력 증가, 혈관 건강 개선
에 효과적입니다. 새송이버섯에는 식이섬유가 많고 칼로리가 낮아 다이어트를 하는 강아지에
게 도움이 되지요.

고구마시나몬컵케이크

180g

찐 고구마 135그램, 달걀 1개, 우유 3큰술, 밀가루 60그램, 시나몬파우더 2그램

만들기

1 찐 고구마는 달걀을 넣고 으깨어 준비한다.

2 으깬 고구마에 우유를 넣고 밀가루와 시나몬
   파우더를 체로 발쳐 내린다.

3 2의 반죽을 컵에 2/3 정도 채운 후 전자레인지
   에서 3분가량 익혀준다.

Tip

전자레인지에서 익히는 도중 문을 열고 확인하면 부풀던 머핀이 주저앉습니다.
전자레인지에서 너무 오랜 시간 머핀을 익힐 경우 속이 딱딱하게 타버릴 수 있으니 시간을 잘
체크해야 합니다.

사과꿀찜

250g

사과 250그램(1/2개), 꿀 2큰술, 시나몬파우더 2그램

만들기

1 사과를 깨끗하게 씻어 씨를 제거하고 껍질째
   한입 크기로 자른다.

2 분량의 꿀과 시나몬파우더(계핏가루)를 넣고 잘
   버무린다.

3 전자레인지에서 5분가량 익힌다.

Tip
사과꿀찜의 경우 흡수가 빠른 단순당분이 많아서 매일 먹일 수 있는 간식은 아닙니다. 기력이
많이 떨어진 강아지에게 특식으로 추천합니다. 계핏가루와 꿀이 들어갔기 때문에 감기에 걸려
입맛이 없는 강아지에게 따뜻하게 만들어 주어도 좋습니다.

후~ 불면 날아가! 솔솔 뿌려 입맛 돋우는
파우더

만들어 두면 여기저기 다양하게 활용하기 좋은 파우더예요. 죽과 같은 자연식에 사용해도 좋고 육포나 쿠키, 빵 등의 간식을 만들 때도 편리하게 사용할 수 있어요. 파우더는 원하는 재료를 곱게 분쇄하면 되는데 파우더를 만들 재료는 수분을 완전히 제거한 후 준비하는 것이 좋아요.

멸치파우더

70g

재료

멸치 100그램

만들기_

1   멸치는 가볍게 씻은 후 찬물에 담가 12시간가
    량 염분을 빼준다.

2   2차로 염분을 제거하기 위해 끓는 물에 멸치를
    데치며 거품을 걷어낸다.

3   2의 멸치를 건조기에 나란히 올려 70도에서 8
    시간 건조한다.

4   완전히 건조한 멸치를 분쇄기에 넣고 곱게 갈
    아준다.

Tip
　　　　멸치는 수분이 완전히 제거되어 바삭한 느낌이 들 정도로 건조시켜야 파우더를 오래 보관할
　　　　수 있습니다.

북어파우더

90g

재료

북어 100그램

만들기

1 북어는 가볍게 씻은 후 찬물에 담가 12시간가
   량 염분을 빼준다.

2 2차로 염분을 제거하기 위해 끓는 물에 북어를
   데치며 거품을 걷어낸다.

3 북어를 건조기에 나란히 올려 70도에서 10시
   간 건조한다.

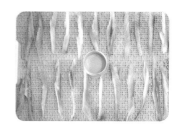

4 완전히 건조한 북어를 분쇄기에 넣고 곱게 갈
   아준다.

Tip

북어파우더는 향이 진하기 때문에 기호성이 높은 편입니다. 다른 재료가 없어도 북어파우더만
있으면 죽이나 쿠키 등을 손쉽게 만들 수 있습니다.

닭가슴살파우더

80g

재료

닭가슴살 250그램

식초물

식초 7큰술, 물 1리터

만들기

1 닭가슴살은 식초물에 담가 30분가량 소독한
   후 한두 번 헹군다.

2 소독한 닭가슴살은 결을 따라 얇고 작게 잘라
   준다.

3 2의 닭가슴살을 건조기에 나란히 올려 70도에
   서 18시간 건조한다.

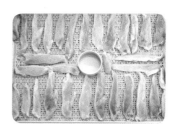

4 완전히 건조한 닭가슴살을 분쇄기에 넣고 곱
   게 갈아준다.

Tip
   파우더는 밀봉된 유리병이나 밀폐 가능한 비닐봉투에 넣어서 보관해야 합니다. 실온에서 보관
   하는 것보다 냉장 · 냉동 보관하면 더 오래 먹을 수 있습니다.

쇠고기파우더

70g

쇠고기 홍두깨살 250그램

식초 7큰술, 물 1리터

만들기_

1 쇠고기는 지방이 적은 부위로 준비해 식초물
  에 담가 30분가량 소독한 후 한두 번 헹군다.

2 소독한 쇠고기는 결을 따라 얇고 작게 잘라준
  다.

3 2의 쇠고기를 건조기에 나란히 올려 70도에서
  17시간 건조한다.

4 완전히 건조한 쇠고기를 분쇄기에 넣고 곱게
  갈아준다.

Tip

쇠고기를 파우더로 만들 때는 지방이 적은 홍두깨살이나 사태를 선택하는 것이 좋습니다.

오리안심파우더

75g

재료

오리안심 250그램

식초물

식초 7큰술, 물 1리터

만들기

1 오리안심은 노란 지방을 제거한 후 깨끗하게
   씻어 준비한다.

2 오리안심을 식초물에 담가 30분가량 소독한
   후 한두 번 헹군다.

3 2의 오리안심을 건조기에 나란히 올려 70도에
   서 18시간 건조한다.

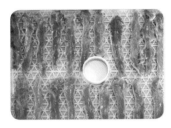

4 완전히 건조한 오리안심을 분쇄기에 넣고 곱
   게 갈아준다.

Tip 오리안심에는 불포화지방산이 들어 있어 강아지의 피모 건강에 좋습니다. 오리안심파우더는
     자연식이나 수제간식을 만들 때 단백질을 보충하기 좋은 재료입니다.

소간파우더

90g

재료   식초물

소간 250그램   식초 7큰술, 물 1리터

만들기_

1 소간은 5시간가량 핏물을 뺀 후 끓는 물에 익혀 준비한다.

2 1의 소간을 얇고 작게 잘라준다.

3 소간을 건조기에 나란히 올려 70도에서 18시간 건조한다.

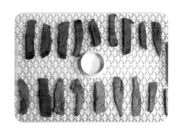

4 완전히 건조한 소간을 분쇄기에 넣고 곱게 갈아준다.

Tip

소간파우더도 소간육포와 마찬가지로 급여량에 주의해야 합니다. 소간육포는 47쪽을 참고하세요.

153

연어파우더

80g

재료   식초물

연어 250그램   식초 7큰술, 물 1리터

만들기_

1   연어는 칼로 비늘을 떼어내고 가시를 제거하
    여 식초물에 담가 30분가량 소독한 후 한두 번
    헹군다.

2   소독한 연어는 작게 썰어준다.

3   2의 연어를 건조기에 나란히 올려 70도에서
    19시간 건조한다.

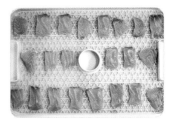

4   완전히 건조한 연어를 분쇄기에 넣고 곱게 갈
    아준다.

Tip

        연어파우더는 비교적 향이 강한 편이어서 강아지의 입맛을 돋우는 데 효과가 좋습니다.

아마씨파우더

90g

아마씨 100그램

만들기

1 아마씨는 아무것도 두르지 않은 프라이팬에
   볶아 수분을 날려준다.

2 1의 아마씨를 분쇄기로 곱게 갈아준다.

Tip

아마씨에는 오메가3 지방산과 각종 비타민, 무기질 그리고 식이섬유가 풍부하게 들어 있습니
다. 하지만 아마씨를 갈아서 보관하는 경우 아마씨에 들어 있는 지방이 산화되기 쉬우므로 밀
폐용기에 담아 냉동보관하고 최대한 빨리 사용해야 합니다.

검은깨파우더

90g

검은깨 100그램

만들기_

1 검은깨는 아무것도 두르지 않은 프라이팬에
   볶아 수분을 날려준다.

2 1의 검은깨를 분쇄기로 곱게 갈아준다.

Tip

검은깨는 항산화 효과가 있는 안토시아닌부터 비타민, 엽산 등을 다량 함유하고 있지만 지방
함량이 높기 때문에 너무 많이 급여하는 것은 추천하지 않습니다. 적은 양으로도 깨의 고소한
냄새를 충분히 낼 수 있으니 소량만 사용해도 됩니다.

콩파우더

90g

병아리콩 100그램

만들기_

1 깨끗하게 씻어 말린 콩을 아무것도 두르지 않
 은 프라이팬에 볶아 수분을 날려준다.

2 1의 병아리콩을 분쇄기로 곱게 갈아준다.

Tip

콩을 볶을 때에는 아주 약한 불로 오랫동안 볶아주는 것이 중요합니다. 이렇게 볶아서 콩을 분
쇄하면 단백질 흡수에도 더 효과적이지요. 병아리콩은 설사와 소화불량에 효과가 있습니다.

멈출 수 없는 맛! 누가 나 좀 말려줘

쿠키

쿠키는 국내외 어디에서나 보편적인 강아지 간식으로 시중에 판매되는 제품도 많아요. 시판되는 제품보다 맛은 좀 덜 자극적이지만 나트륨, 색소, 첨가물 등이 없는 담백한 건강 쿠키를 직접 만들어 주세요. 담백한 쿠키부터 고기로 만든 기호성 높은 볼까지 다양한 재료를 활용해서 만들어 보아요.

멸치쿠키

150g

재료_

멸치파우더 30그램, 박력분 100그램, 달걀 1개, 올리브유 2큰술

만들기_

1 볼에 올리브유와 달걀을 넣고 거품기로 잘 섞
  는다.

2 1에 분량의 밀가루를 체로 밭친 후 멸치파우더
  를 넣어 반죽한다.

3 2의 반죽을 비닐에 싸서 30분가량 냉장 휴지
  시킨다.

4 쿠키커터로 자른 반죽은 종이포일을 깐 팬 위
  에 올려 오븐에서 180도로 15분 굽는다.

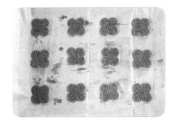

Tip
쿠키 반죽은 우물 정(井)자로 가르듯이 섞다가 하나로 뭉쳐서 반죽해 줍니다. 굽고 난 후 식힘
망에 올려 충분히 식혀야 바삭한 쿠키가 완성됩니다. 멸치파우더는 143쪽을 참고하세요.

북어쿠키

160g

재료

북어파우더 30그램, 박력분 100그램, 달걀 1개, 올리브유 2큰술

만들기_

1 볼에 올리브유와 달걀을 넣고 거품기로 잘 섞
   는다.

2 1에 분량의 밀가루를 체로 발친 후 북어파우더
   를 넣어 반죽한다.

3 2의 반죽을 비닐에 싸서 30분가량 냉장 휴지
   시킨다.

4 쿠키커터로 자른 반죽은 종이포일을 깐 팬 위
   에 올려 오븐에서 180도로 15분 굽는다.

Tip

담백한 쿠키에 입맛이 길들여지지 않은 강아지는 멸치구이나 북어구이, 검은깨쿠키처럼 향이
강한 쿠키로 먼저 입맛을 길들여주면 좋습니다. 나중에는 더 담백한 맛의 쿠키도 잘 먹게 됩니
다. 북어파우더는 145쪽을 참고하세요.

치즈쿠키

190g

코티지치즈 50그램, 박력분 140그램, 달걀 1개, 올리브유 2큰술

만들기

1 볼에 올리브유와 달걀을 넣고 거품기로 잘 섞
   는다.

2 1에 분량의 밀가루를 체로 밭친 후 코티지치즈
   를 넣어 반죽한다.

3 2의 반죽을 비닐에 싸서 30분가량 냉장 휴지
   시킨다.

4 쿠키커터로 자른 반죽은 종이포일을 깐 팬 위
   에 올려 오븐에서 180도로 15분 굽는다.

Tip

유당을 분해하지 못하는 강아지에게는 지스쿠키를 급여히면 안 됩니다. 하지만 강아지용 우유
나 락토프리 우유를 사용해서 코티지치즈를 만들었다면 우유를 잘 소화시키지 못하는 강아지
에게도 급여 가능합니다. 코티지치즈는 249쪽을 참고하세요.

캐롭쿠키

150g

재료

캐롭파우더 30그램, 박력분 90그램, 달걀 1개, 올리브유 2큰술

만들기

1 볼에 올리브유와 달걀을 넣고 거품기로 잘 섞
   는다.

2 1에 분량의 밀가루를 체로 발친 후 캐롭파우더
   를 넣어 반죽한다.

3 2의 반죽을 비닐에 싸서 30분가량 냉장 휴지
   시킨다.

4 쿠키커터로 자른 반죽은 종이포일을 깐 팬 위
   에 올려 오븐에서 180도로 15분 굽는다.

Tip

캐롭파우더는 초콜릿과 비슷한 향과 맛이 있는 식품으로 장 건강에 좋다고 합니다. 캐롭은 초
콜릿과 달리 강아지도 먹을 수 있는 식품으로 특히 설사하는 강아지에게 효과적입니다.

파슬리쿠키

170g

재료

드라이파슬리 3그램, 박력분 110그램, 달걀 1개, 카놀라유 2큰술, 꿀 1큰술

만들기_

1 볼에 카놀라유와 달걀, 꿀을 넣고 거품기로 잘
   섞는다.

2 1에 분량의 밀가루를 체로 발친 후 드라이파슬
   리를 넣어 반죽한다.

3 2의 반죽을 비닐에 싸서 30분가량 냉장 휴지
   시킨다.

4 쿠키커터로 자른 반죽은 종이포일을 깐 팬 위
   에 올려 오븐에서 180도로 15분 굽는다.

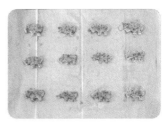

Tip 카놀라유는 포화지방이 낮은 오일에 속하지요. 또한 카놀라유에 들어 있는 불포화지방산인 리
     놀레산은 콜레스테롤이 혈관에 침착하는 것을 방지하고 동맥경화증 예방과 심장병을 예방하
     는 효과가 있다고 합니다.

고구마쿠키

200g

재료

찐 고구마 120그램, 박력분 150그램, 달걀 1개, 올리브유 2큰술

만들기

1 볼에 올리브유와 달걀을 넣고 거품기로 잘 섞
  는다.

2 1에 분량의 밀가루를 체로 발친 후 잘게 썬 고
  구마를 넣어 반죽한다.

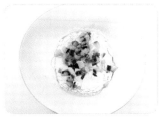

3 2의 반죽을 비닐에 싸서 30분가량 냉장 휴지
  시킨다.

4 쿠키커터로 자른 반죽은 종이포일을 깐 팬 위
  에 올려 오븐에서 180도로 15분 굽는다.

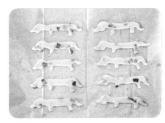

Tip

강아지 간식에 기름이 들어간다고 너무 놀라지 마세요. 지방도 개의 신진대사에 꼭 필요한 성
분입니다. 지방이 부족하면 탈모, 면역력 저하, 순환계 질환, 불임 등이 나타나지요. 이 책에서
는 올리브유와 같이 강아지 건강에 도움이 되는 기름을 사용했습니다. 단, 많이 급여하면 살찌
기 쉬우니 수량씩 레시피의 용량을 지켜주세요.

바나나통밀쿠키

260g

재료

으깬 바나나 100그램, 통밀가루 180그램, 달걀 1개, 올리브유 2큰술

만들기_

1 볼에 올리브유와 달걀을 넣고 거품기로 잘 섞
    는다.

2 1에 분량의 통밀가루를 체로 발친 후 으깬 바
    나나를 넣어 반죽한다.

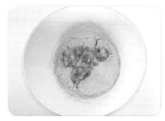

3 2의 반죽을 비닐에 싸서 30분가량 냉장 휴지
    시킨다.

4 쿠키커터로 자른 반죽은 종이포일을 깐 팬 위
    에 올려 오븐에서 180도로 15분 굽는다.

Tip

통밀가루는 식이섬유를 많이 함유하고 있어 일반 밀가루보나 혈당 상승 지수기 낮아 강아지에
게 더욱 좋습니다. 하지만 박력분보다 글루텐 생성이 잘 되지 않아 반죽을 할 때 잘 뭉쳐지지
않는다는 단점이 있습니다.

검은깨통밀쿠키

150g

검은깨파우더 20그램, 통밀가루 80그램, 달걀 1개, 올리브유 2큰술

만들기

1 볼에 올리브유와 달걀을 넣고 거품기로 잘 섞
  는다.

2 1에 분량의 통밀가루를 체로 발친 후 검은깨파
  우더를 넣어 반죽한다.

3 2의 반죽을 비닐에 싸서 30분가량 냉장 휴지
  시킨다.

4 쿠키커터로 자른 반죽은 종이포일을 깐 팬 위
  에 올려 오븐에서 180도로 15분 굽는다.

Tip
검은깨쿠키는 검은깨파우더에서 나온 오일이 산화되지 않도록 반드시 밀봉해서 보관해야 합
니다. 검은깨파우더는 159쪽을 참고하세요.

참치쿠키

185g

통조림참치 150그램, 박력분 120그램, 달걀 1개, 올리브유 2큰술

만들기

1 볼에 올리브유와 달걀을 넣고 거품기로 잘 섞
   는다.

2 참치는 끓는 물에 데쳐 기름기와 염분을 제거
   하고 물기를 꼭 짜서 준비한다.
3 1에 분량의 밀가루를 체로 밭친 후 참치를 넣
   어 반죽한다.

4 3의 반죽을 비닐에 싸서 30분가량 냉장 휴지
   시킨다.

5 쿠키커터로 자른 반죽은 종이포일을 깐 팬 위
   에 올려 오븐에서 180도로 15분 굽는다.

Tip 참치는 키친타월로 물기를 완전히 제거해야 쿠키의 반죽이 흐트러지지 않습니다. 참치에 물기
가 많으면 반죽이 질어지고 구웠을 때 쿠키의 식감을 살리기도 어렵습니다.

맥주효모오트밀쿠키

250g

재료

맥주효모 30그램, 오트밀 50그램, 박력분 110그램, 달걀 1개, 카놀라유 2큰술

만들기

1 볼에 카놀라유와 달걀을 넣고 거품기로 잘 섞
는다.

2 1에 분량의 밀가루를 체로 발친 후 맥주효모와
오트밀을 넣어 반죽한다.

3 길게 만든 반죽을 비닐에 싸서 5시간가량 냉동
에서 휴지시킨다.

4 냉동시킨 반죽은 칼로 썰어 종이포일을 깐 팬
위에 올려 오븐에서 180도로 15분 굽는다.

Tip

맥주효모에는 단백질과 각종 미네랄, 비타민이 풍부하게 들이 있어 노화 방지, 누폐물 배출 등
에 효과가 있습니다. 빈혈 예방과 신진대사 활성화에도 효과가 좋다고 알려져 있지요. 하지만
과다하게 섭취하면 복부에 가스가 찰 수 있기 때문에 급여에 유의해야 합니다.

닭가슴살아마씨볼

250g

다진 닭가슴살 250그램, 아마씨파우더 20그램, 쌀가루 40그램, 달걀 1개

만들기_

1 볼에 달걀을 넣고 거품기로 풀어준다.

2 1에 다진 닭가슴살과 아마씨파우더를 넣는다.

3 분량의 쌀가루를 체로 발친 후 반죽한다.

4 티스푼으로 반죽을 떠서 종이포일을 깐 팬 위
   에 올려 오븐에서 180도로 25분 굽는다.

Tip

닭가슴살아마씨볼, 닭안심미숫가루볼, 쇠고기코코넛볼, 쇠고기고구마볼 레시피는 탄수화물을
줄이고 단백질 함량은 높이기 위해 가루의 양을 많이 줄였습니다. 이렇게 수분이 많은 반죽은
작은 스푼으로 떠서 동그란 모양으로 구워주면 됩니다. 아마씨파우더는 157쪽을 참고하세요.

닭안심미숫가루볼

230g

재료

다진 닭안심 250그램, 미숫가루 40그램, 쌀가루 30그램, 달걀 1개

만들기

1 볼에 달걀을 넣고 거품기로 풀어준다.

2 1에 다진 닭안심과 미숫가루를 넣는다.

3 분량의 쌀가루를 체로 발쳐 반죽한다.

4 티스푼으로 반죽을 떠서 종이포일을 깐 팬 위
   에 올려 오븐에서 180도로 25분 굽는다.

Tip

미숫가루는 나트륨이나 보존제 등 첨가물이 들어가지 않은 순수한 곡물가루로 준비해 주세요.

쇠고기코코넛볼

230g

다진 쇠고기 200그램, 코코넛파우더 40그램, 쌀가루 30그램, 달걀 1개

만들기

1   볼에 달걀을 넣고 거품기로 풀어준다.

2   1에 다진 쇠고기를 넣는다.

3   분량의 코코넛파우더와 쌀가루를 체로 밭친
    후 반죽한다.

4   티스푼으로 반죽을 떠서 종이포일을 깐 팬 위
    에 올려 오븐에서 180도로 25분 굽는다.

Tip

오븐에 쇠고기볼을 익힐 때에는 쇠고기의 붉은 육즙이 나오지 않을 때끼지 충분히 익혀야 한
니다. 쇠고기와 코코넛에는 단백질이 풍부하게 함유되어 있으나 포화지방산이 높은 편이므로
소량만 급여할 것을 권합니다.

쇠고기고구마볼

250g

다진 쇠고기 200그램, 찐 고구마 70그램, 쌀가루 50그램, 달걀 1개

만들기

1   볼에 달걀을 넣고 거품기로 풀어준다.

2   1에 다진 쇠고기와 으깬 고구마를 넣는다.

3   분량의 쌀가루를 체로 밭친 후 반죽한다.

4   티스푼으로 반죽을 떠서 종이포일을 깐 팬 위
    에 올려 오븐에서 180도로 25분 굽는다.

Tip

고기로 만들어 오븐에 구운 볼의 보존기간을 조금 더 늘리고 싶다면 건조한 날 반나절 정도 채
반에 널어주거나 건조기에 몇 시간 정도 더 말려주는 것도 좋은 방법입니다.

강아지라 행복해요~ 특별한 날, 특별한 간식
베이커리

기억하고 싶은 특별한 날을 위한 강아지 수제간식이에요. 고기, 연어, 두부, 참치, 콩 등 단백질을 보충할 수 있는 재료와 블루베리, 사과, 바나나, 당근 등 비타민과 식이섬유를 보충해줄 재료를 함께 넣어 만든 빵이에요. 예쁘게 구운 머핀, 파이, 케이크는 선물하기에도 좋아요.

미트로프

680g

재료

다진 쇠고기 350그램, 다진 돼지고기 100그램, 새송이버섯 70그램, 통밀가루 80그램
다진 마늘 1큰술, 드라이파슬리 3그램, 드라이바질 2그램, 달걀 1개

만들기

1 다진 쇠고기, 다진 돼지고기, 달걀을 넓은 볼에
   준비한다.

2 잘게 다진 새송이버섯과 드라이파슬리, 드라
   이바질, 다진 마늘을 1에 넣는다.

3 통밀가루를 체로 발친 후 반죽한다.

4 반죽을 빵틀에 넣어 200도 오븐에서 1시간 굽
   는다.

Tip

반죽을 빵틀에 담을 때는 꾹꾹 눌러 담아야 중간에 기포가 생기지 않고 모양도 예쁘게 구워집
니다. 미트로프에 들어가는 다진 마늘은 육류의 살균 효과와 음식의 풍미를 더욱 높여줍니다.
몸무게 10킬로그램의 강아지가 마늘 두 알 정도 먹는 것은 기생충 예방의 효과를 얻을 수 있고
건강에도 무리를 주지 않습니다. 하지만 과다 섭취할 경우 적혈구 손상의 위험이 있으므로 레
시피의 용량을 지킬 것을 권합니다.

연어마들렌

350g

재료

연어 150그램, 당근 40그램, 달걀 2개,
올리브유 3큰술, 박력분 100그램, 물 50밀리리터

만들기

1   볼에 올리브유와 달걀을 넣고 거품기로 잘 섞
    는다.

2   연어, 당근, 물을 곱게 갈아서 1에 넣는다.

3   밀가루를 체로 받친 후 반죽한다.

4   빵틀에 오일을 발라준 후 반죽을 부어 180도
    오븐에서 15분 굽는다.

Tip

올리브유는 다른 오일에 비해 열에 강하기 때문에 빵을 굽기에 알맞습니다. 무염버터를 사용
하면 맛과 향은 더 좋아지지만 다량 섭취 시 강아지 건강에 좋지 않기 때문에 올리브유를 사용
했습니다.

사과오리안심타르트

490g

재료

오리안심 200그램, 사과 100그램, 달걀 2개, 전분 1큰술
시나몬파우더 1큰술, 박력분 120그램, 올리브유 2큰술

만들기

1 볼에 달걀 한 개와 올리브유를 넣고 거품기로
   잘 섞는다.

2 밀가루를 체로 받쳐 반죽한 뒤 비닐봉지에 넣
   어 냉장에서 30분가량 휴지시킨다.

3 오리안심은 1센티미터 정도의 두께로 썰고 사
   과는 0.5센티미터 두께로 썰어 준비한 달걀 한
   개, 전분가루, 시나몬파우더와 함께 섞어 파이
   속을 만든다.

4 휴지시킨 반죽은 밀대로 얇게 밀어 파이 틀에
   씌운다.

5 4에 3의 속을 채워 160도 오븐에서 50분 굽는
   다.

Tip

반죽을 얇게 밀어 파이 틀에 씌운 후에 포크로 반죽에 구멍을 내주면 반죽이 부풀어 오르는 것
을 막을 수 있습니다.

연어두부타르트

550g

재료

두부 300그램, 연어 150그램, 달걀 2개
전분 1큰술, 박력분 120그램, 올리브유 2큰술

만들기

1   볼에 달걀 한 개와 올리브유를 넣고 거품기로
    잘 섞는다.

2   밀가루를 체로 발친 후 반죽하여 비닐봉지에
    넣고 냉장에서 30분 정도 휴지시킨다.

3   두부는 끓는 물에 데쳐 으깨고 전분과 달걀 한
    개를 넣고 파이 속을 만든다.

4   휴지시킨 반죽은 밀대로 얇게 밀어 파이 틀에
    씌운다.

5   3의 속을 채우고 위에 연어를 올린 파이는 160
    도 오븐에서 50분 굽는다.

Tip
            연어를 위에 올려서 장식하기 번거롭다면 파이 속을 만들 때 두부에 연어를 함께 썰어 넣어도
            좋습니다.

캐롭간머핀

380g

재료

소간파우더 20그램, 캐롭파우더 25그램, 박력분 120그램
달걀 2개, 올리브유 3큰술, 물 40밀리리터

만들기_

1 볼에 올리브유와 달걀을 넣고 거품기로 잘 섞
   는다.

2 1에 소간파우더와 캐롭파우더를 넣는다.

3 밀가루를 체로 발친 후 물을 넣어 반죽한다.

4 머핀컵에 반죽을 3/4 정도 채운 후 180도 오븐
   에서 25분 굽는다.

Tip

캐롭파우더와 비슷한 향과 색을 내려고 코코아파우더나 초콜릿 분말을 사용하면 안 됩니다.
초콜릿에 들어 있는 테오브로민 성분은 강아지의 신경계에 치명적일 수 있습니다. 소간파우더
는 153쪽을 참고하세요.

치즈닭가슴살머핀

480g

재료

코티지치즈 30그램, 다진 닭가슴살 100그램

박력분 130그램, 달걀 2개, 카놀라유 3큰술, 물 50밀리리터

만들기

1   볼에 카놀라유와 달걀을 넣고 거품기로 잘 섞
    는다.

2   1에 코티지치즈와 다진 닭가슴살을 넣는다.

3   밀가루를 체로 밭친 후 물을 넣어 반죽한다.

4   머핀컵에 반죽을 3/4 정도 채운 후 180도 오븐
    에서 25분 굽는다.

Tip

강아지를 위해 만든 빵에는 베이킹파우더와 같은 첨가물을 넣지 않았기 때문에 오븐에 구울
때 부풀어 오르는 정도가 크지 않습니다. 머핀컵에 3/4 정도의 반죽을 채워서 구워주면 적당
합니다. 코티지치즈는 249쪽을 참고하세요.

블루베리두부머핀

500g

재료

블루베리 70그램, 두부 150그램, 박력분 130그램
달걀 2개, 카놀라유 3큰술, 물 50밀리리터

만들기

1 볼에 카놀라유와 달걀을 넣고 거품기로 잘 섞
   는다.

2 끓는 물에 데쳐 염분을 뺀 두부는 물기를 제거
   한 후 으깨어 1에 넣는다.

3 밀가루를 체로 받친 후 블루베리와 물을 넣어
   반죽한다.

4 머핀컵에 반죽을 3/4 정도 채운 후 180도 오븐
   에서 25분 굽는다.

Tip
고기 알레르기가 있는 강아지에게는 두부와 같은 재료를 사용하여 단백질을 보충해주면 됩니
다. 블루베리를 첨가해서 만든 머핀은 항산화 효과가 높고 시력 보호에도 좋습니다.

병아리콩머핀

400g

재료

병아리콩 150그램, 박력분 150그램, 달걀 2개, 카놀라유 4큰술, 물 30밀리리터

만들기

1 볼에 카놀라유와 달걀을 넣고 거품기로 잘 섞
   는다.

2 병아리콩은 끓는 물에 익혀서 1에 넣는다.

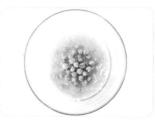

3 밀가루를 체로 밭친 후 물을 넣어 반죽한다.

4 머핀컵에 반죽을 3/4 정도 채운 후 180도 오븐
   에서 25분 굽는다.

Tip

이집트콩이라고도 하는 병아리콩은 부드럽고 소화가 잘 되는 재료입니다. 병아리콩은 단백질
공급에도 좋습니다. 말린 병아리콩은 반나절에서 하루 정도 충분히 물에 불려서 사용합니다.

닭가슴살바나나캐롭케이크

480g

재료

다진 닭가슴살 80그램, 바나나 150그램, 캐롭파우더 10그램, 박력분 150그램
시나몬파우더 3그램, 달걀 2개, 올리브유 4큰술, 물 30밀리리터

만들기

1 볼에 올리브유와 달걀을 넣고 거품기로 잘 섞
   는다.

2 다진 닭가슴살과 으깬 바나나를 1에 넣는다.

3 밀가루와 캐롭파우더, 시나몬파우더를 체로
   발친 후 물을 넣어 반죽한다.

4 오일을 바른 빵틀에 반죽을 3/4 정도 채운 후
   170도 오븐에서 50분 굽는다.

Tip

시나몬파우더는 흔히 말하는 계피로 만든 분말입니다. 계피는 따뜻한 성질을 가지고 있어 감
기 예방에 좋을 뿐 아니라 소염 · 진통 효과가 있지요. 또한 음식이 쉽게 상하는 것을 방지하는
역할도 합니다.

참치케이크

630g

재료

통조림참치 150그램, 파프리카 60그램, 박력분 180그램
달걀 2개, 올리브유 4큰술, 물 50밀리리터

만들기

1 볼에 올리브유와 달걀을 넣고 거품기로 잘 섞
   는다.
2 참치는 끓는 물에 살짝 데쳐 염분과 기름기를
   제거하여 준비한다.

3 1에 2의 참치와 잘게 다진 파프리카를 넣는다.

4 밀가루를 체로 받친 후 물을 넣어 반죽한다.

5 오일을 바른 빵틀에 반죽을 3/4 정도 채운 후
   170도 오븐에서 50분 굽는다.

Tip

통조림참치에 들어 있는 생선은 진짜 참치가 아닌 가다랑어라고 합니다. 하지만 가다랑어에도
불포화지방산인 EPA가 많이 들어 있고 단백질이 풍부합니다. 참치에 들어 있는 셀레늄 성분
과 파프리카에 들어 있는 비타민 C는 면역력 강화와 피로 회복에 도움이 되지요.

연어케이크

400g

재료

연어 150그램, 파프리카 50그램, 박력분 150그램
달걀 2개, 올리브유 4큰술, 물 40밀리리터

만들기

1 볼에 올리브유와 달걀을 넣고 거품기로 잘 섞
   는다.

2 연어는 비늘과 가시를 제거하고 작게 썰어 준
   비한다.

3 1에 2의 연어와 잘게 다진 파프리카를 넣는다.

4 밀가루를 체로 밭친 후 물을 넣어 반죽한다.

5 오일을 바른 빵틀에 반죽을 3/4 정도 채운 후
   170도 오븐에서 50분 굽는다.

Tip   빵을 굽기 위해 반드시 빵틀을 사야 할 필요는 없습니다. 빵틀 대신 오븐에 사용 가능한 내열
       그릇을 사용하면 됩니다. 반죽을 붓기 전에 틀에 살짝 오일을 발라주면 완성 후 틀에서 내용물
       을 분리하기 쉽습니다.

닭안심채소케이크

550g

재료

다진 닭안심 200그램, 당근 60그램, 그린빈 50그램, 박력분 150그램

달걀 2개, 올리브유 4큰술, 물 50밀리리터

만들기

1 볼에 올리브유와 달걀을 넣고 거품기로 잘 섞
   는다.

2 1에 다진 닭안심과 잘게 썬 당근, 그린빈을 넣
   는다.

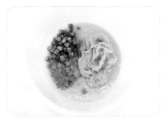

3 밀가루를 체로 밭친 후 물을 넣어 반죽한다.

4 오일을 바른 빵틀에 반죽을 3/4 정도 채운 후
   170도 오븐에서 50분 굽는다.

Tip

닭안심과 달걀의 단백질, 올리브유의 지방, 당근과 그린빈의 식이섬유, 비타민 등이 골고루 들
어간 닭안심채소케이크는 박력분 대신 통밀가루를 사용해 혈당 전환 지수를 낮춰주면 특별한
날 자연식 한 끼로 급여할 수 있습니다.

힘 불끈! 아픈 강아지도 기력이 솟아요
죽과 수프와 밥

죽과 수프는 소화가 잘 되어 병에서 회복 중인 강아지나 이빨이 약한 노령견에게 좋은 음식이에요. 북어 등의 재료를 사용해 따뜻하게 보양식으로 만들어 주기에도 좋지요. 또한 수분 함량이 높아서 평소 물을 잘 마시지 않는 강아지에게도 효과적이에요. 적절한 수분 섭취는 신장결석 등의 질병을 예방해줍니다.

북어죽

350g

재료

말린 북어 15그램, 당근 40그램, 물 250밀리리터, 찬밥 100그램

만들기

1 당근은 한입 크기로 썰어 준비한다.

2 물에 30분 이상 불린 북어를 한입 크기로 썰어
   준비한다.

3 물에 밥과 북어, 당근을 넣고 약불에서 15분
   정도 끓여준다.

Tip 만약 강아지가 채소를 잘 먹지 않고 골라낸다면 채소를 더욱 잘게 썰어주면 됩니다. 채소의 입
     자가 작을수록 맛이 튀지 않아 강아지가 더 잘 먹습니다.

참치죽

400g

통조림참치 150그램, 완두콩 40그램, 물 250밀리리터, 찬밥 100그램

만들기_

1 완두콩은 깨끗이 씻어 물에 불려 준비한다.

2 참치는 끓는 물에 데쳐 염분을 뺀다.

3 물에 밥과 참치와 완두콩을 넣고 약불에서 15
   분 정도 끓여준다.

Tip
      죽을 만들 때는 주걱으로 가끔씩 저어주어야 냄비 바닥이 타지 않습니다.

달�걀배추죽

달걀 1개, 배추 50그램, 물 250밀리리터, 찬밥 100그램

만들기_

1 배추는 깨끗이 씻어 작게 썰어 준비한다.

2 달걀은 노른자를 풀어서 준비한다.

3 물에 밥과 달걀, 배추를 넣고 약불에서 15분
   정도 끓여준다.

Tip

달걀이 곱게 풀어지는 것보다 건더기처럼 눈에 보이게 만들고 싶다면, 달걀을 제외한 재료로
먼저 죽을 끓이고 마지막에 달걀을 넣어 살짝만 저어주면 됩니다.
달걀 흰자에 들어 있는 아비딘이라는 효소가 강아지에게 해롭기 때문에 먹이지 않는 경우가
많은데 익혀서 먹으면 아무 이상이 없습니다.

두부그린빈죽

400g

재료

두부 150그램, 그린빈 50그램, 물 250밀리리터, 찬밥 100그램

만들기

1   두부는 끓는 물에 데쳐 염분을 제거한 뒤 한입
    크기로 썰어 준비한다.

2   그린빈은 한입 크기로 썰어 준비한다.

3   물에 밥과 두부와 그린빈을 넣고 약불에서 15
    분 정도 끓여준다.

Tip

그린빈은 껍질까지 전부 먹는 껍질콩으로 칼로리도 낮고 식이섬유와 단백질이 풍부한 재료입
니다.
두부그린빈죽의 담백한 맛 때문에 강아지가 잘 먹지 않는다면 불에서 내리기 전 멸치파우더
등을 뿌려서 기호성을 높여주면 됩니다.

닭가슴살애호박죽

닭가슴살 150그램, 애호박 50그램, 물 250밀리리터, 찬밥 100그램

만들기

1 싱싱한 닭가슴살은 가로x세로 1센티미터 크기
   로 썰어준다.

2 애호박은 한입 크기로 썰어 준비한다.

3 물에 밥과 닭가슴살, 애호박을 넣고 약불에서
   15분 정도 끓여준다.

Tip

애호박은 저칼로리로 식이섬유와 카로틴 형태의 비타민 A와 칼슘이 풍부합니다. 애호박은 소
화 흡수가 잘되고, 애호박에 들어 있는 레시틴 성분은 뇌 건강에 도움을 준다고 합니다.

오리안심표고버섯죽

380g

재료

오리안심 150그램, 건표고버섯 15그램, 물 250밀리리터, 찬밥 100그램

만들기

1　싱싱한 오리안심은 가로x세로 1센티미터 크기
　로 썰어준다.

2　건표고버섯은 물에 불려 한입 크기로 썰어 준
　비한다.

3　물에 밥과 오리안심, 표고버섯을 넣고 약불에
　서 15분 정도 끓여준다.

Tip

건표고버섯은 전날 미리 불려두면 좋으나 시간이 없을 경우 불리는 도중 잘게 썰어 다시 물에
불려주면 더 빨리 불릴 수 있지요. 생표고버섯보다 건표고버섯의 맛과 향이 더 뛰어납니다.

닭가슴살볼수프

500g

닭가슴살 200그램, 당근 80그램, 브로콜리 40그램
무 50그램, 전분 30그램, 물 350밀리리터

만들기

1 볼에 곱게 간 닭가슴살과 잘게 다진 당근 40그
   램, 분량의 브로콜리와 전분을 넣고 반죽한다.

2 닭가슴살반죽은 지름 3센티미터 크기로 동그
   랗게 빚어 완자를 만든다.

3 무와 남은 당근은 한입 크기로 준비한다.

4 물에 2의 닭가슴살 완자와 3의 무와 당근을 넣
   고 20분 정도 끓여준다.

Tip
     완자를 빚을 때 손에 물을 듬뿍 묻히면 반죽이 손에 들러붙지 않습니다.

두부완자단호박수프

370g

재료

두부 150그램, 달걀 1개, 밀가루 50그램, 단호박 150그램, 물 200밀리리터

만들기

1 두부는 끓는 물에 데쳐 염분을 뺀 후 물기를 제
   거하여 준비한다.

2 으깬 두부에 달걀과 밀가루를 넣고 반죽한다.

3 두부반죽은 지름 3센티미터 크기로 동그랗게
   빚어 완자를 만든다.

4 단호박과 물을 함께 갈아 준비하여 두부 완자
   를 넣고 20분 정도 끓여준다.

Tip
       완자를 익힐 때 바닥에 있던 완자가 수면 가까이 떠오르면 속까지 잘 익은 것입니다.

애호박달걀볶음밥

재료

달걀 1개, 애호박 40그램, 찬밥 100그램, 포도씨유 1작은술

만들기

1 달걀은 스크램블드에그로 미리 팬에 볶아 준
   비한다.

2 애호박은 가로×세로 1센티미터 크기로 썰어
   준비한다.

3 포도씨유를 두른 팬에 애호박, 스크램블드에
   그 순으로 볶아준다.
4 찬밥을 넣고 재료가 잘 섞이도록 볶아준다.

Tip

볶음밥 요리에는 생들기름, 참기름, 연어오일 등을 1작은술 넣어 마무리해도 좋아요. 기호성도
더 높아지고 영양도 더할 수 있어요.

배추오리안심볶음밥

재료

오리안심 100그램, 배추 40그램, 찬밥 100그램, 포도씨유 1작은술

만들기_

1 오리고기와 배추는 가로x세로 1센티미터 크기
   로 썰어 준비한다.

2 포도씨유를 두른 팬에 오리고기, 배추 순으로
   볶아준다.

3 찬밥을 넣고 재료가 잘 섞이도록 볶아준다.

Tip

재료의 크기는 레시피에서 1센티미터 정도로 명시했으나 강아지 몸무게에 따라 더 작게 혹은
더 크게 썰어도 좋아요. 오리고기는 따로 기름을 사용하지 않아도 돼요.

완두콩닭가슴살볶음밥

재료

닭가슴살 140그램, 완두콩 30그램, 찬밥 100그램, 포도씨유 1작은술

만들기

1 닭가슴살은 가로x세로 1센티미터 크기로 썰어
   준비한다.

2 포도씨유를 두른 팬에 닭가슴살, 완두콩 순으
   로 볶아준다.

3 찬밥을 넣고 재료가 잘 섞이도록 볶아준다.

Tip

완두콩은 마트에서 구입할 수 있는 유기농 냉동 완두콩을 사용하면 좋아요. 말린 완두콩보다
부드럽고 단맛이 더 강해요. 만약 말린 완두콩을 사용한다면 하루 전날 미리 불려 삶아서 사용
해요. 닭가슴살은 한쪽 분량입니다.

콜리플라워참치크림파스타

통조림참치 85그램, 콜리플라워 50그램, 강아지용 우유 200밀리리터

마카로니 25그램, 볶은 아마씨 3그램

만들기

1 참치는 끓는 물에 데쳐 체에 발쳐둔다.

2 강아지용 우유, 콜리플라워를 믹서기에 갈아
　준다.

3 마카로니는 끓는 물에 10분 삶아 익혀준다.

4 팬에 1, 2, 3을 넣고 5분 끓여준다.

5 볶은 아마씨를 고명으로 올려준다.

Tip

볶은 아마씨 대신 통깨 등 다른 고명을 사용해도 괜찮아요. 고명이 없다면 연어오일 등 영양
오일도 잘 어울려요. 통조림참치는 작은 것 한 캔 분량입니다.

고구마돼지고기채소볶음

돼지고기 100그램, 고구마 100그램, 그린빈 40그램, 포도씨유 1작은술

만들기_

1 돼지고기와 고구마, 그린빈은 가로x세로 7밀
   리미터 크기로 썰어 준비한다.

2 포도씨유를 두른 팬에 돼지고기, 고구마, 그린
   빈 순으로 볶아준다.

Tip
   돼지고기를 구입할 때는 지방이 적은 안심 부위를 골라요.

뚝딱! 뚝딱!

손쉽게 만드는 간식

건조기나 오븐, 전자레인지를 사용하지 않고 만드는 강아지 수제간식도 준비해 보았어요.

코티지치즈토핑

100g

재료

락토프리 우유 1리터, 식초(레몬즙) 1큰술

만들기_

1   신선한 우유를 준비한다.

2   냄비에 우유를 넣고 끓이다 식초 혹은 레몬즙
    을 넣는다.

3   우유가 덩어리로 뭉치면 깨끗한 면보자기에
    걸러 물기를 짜준다.

Tip

사람도 유당불내증이 있는 것처럼 사람이 먹는 우유를 소화하지 못하는 강아지도 있습니다.
그럴 경우 락토프리 우유나 강아지용 우유를 사용하면 됩니다.
우유가 끓기 시작하면 급작스럽게 넘칠 수 있는데 그 전에 식초를 넣고 불을 꺼주세요.

고구마양갱

350g

재료

찐 고구마 180그램, 꿀 2큰술, 한천가루 5그램, 물 200밀리리터

만들기_

1 물에 한천가루를 넣어 30분 정도 불려준다.

2 불려놓은 한천과 물에 꿀을 넣고 끓인다.

3 으깬 고구마를 넣고 저어가며 끓인다.

4 3을 틀에 부어 냉장고에서 식혀준다.

Tip

한천은 에너지로 변환되는 성분이 거의 없는 재료로 다이어트에 효과적입니다. 한천으로 만든
음식은 포만감을 주고 변의 양을 늘려 대장을 청소하는 데 도움을 주지요. 단, 특유의 질감 때
문에 강아지가 잘 먹지 않을 수도 있으니 달콤한 고구마 등의 재료를 더해서 간식을 만들어 주
세요.

팥양갱

350g

재료

삶은 팥 180그램, 꿀 2큰술, 한천가루 5그램, 물 200밀리리터

만들기

1 물에 한천가루를 넣어 30분 정도 불려준다.

2 불려놓은 한천과 물에 꿀을 넣고 끓인다.

3 삶아서 으깬 팥을 넣고 저어가며 끓인다.

4 3을 틀에 부어 냉장고에서 식혀준다.

Tip

팥에는 탄수화물뿐 아니라 단백질도 다량 함유되어 있으며, 특히 항산화 효과가 높은 안토시아닌도 들어 있습니다. 비타민 B가 풍부한 팥은 해독과 노폐물 배출, 소화에 좋습니다.

닭가슴살고구마범벅

550g

재료

닭가슴살 130그램, 찐 고구마 200그램, 당근 40그램, 완두콩 30그램

만들기_

1 당근과 완두콩은 먹기 좋은 크기로 준비해서
   끓는 물에 데쳐준다.

2 싱싱한 닭가슴살은 가로x세로 1센티미터 크기
   로 썰어 끓는 물에 익혀준다.

3 찐 고구마는 으깨서 준비한다.

4 으깬 고구마에 닭가슴살과 당근, 완두콩을 넣
   고 잘 버무려준다.

Tip

집에서 먹다 남은 찐 고구마가 있을 때 바로 만들 수 있는 메뉴입니다. 닭가슴살과 당근, 완두
콩 대신 단백질과 식이섬유를 보충해줄 재료를 다양하게 응용해보세요.

퀴노아단호박범벅

380g

재료

퀴노아 50그램, 찐 단호박 200그램, 사과 60그램

만들기_

1   사과는 한입 크기로 썰어 준비한다.

2   퀴노아와 물을 1 대 2의 비율로 넣고 20분 정
    도 익혀준다.

3   찐 단호박은 으깨서 준비한다.

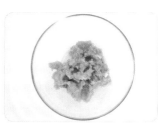

4   으깬 단호박에 퀴노아와 사과를 넣고 잘 버무
    려준다.

Tip

퀴노아는 곡류지만 단백질 함량이 매우 높은 식품입니다. 그뿐 아니라 비타민, 무기질, 칼슘 등
이 다량 함유되어 영양 면에서 우유에 버금가는 곡물로 인정되었습니다. GI지수와 칼로리도 낮
아 다이어트에 도움이 되는 재료입니다.

멸치닭가슴살찜케이크

430g

닭가슴살 150그램, 양배추 70그램, 달걀 2개, 밀가루 60그램, 멸치파우더 10그램

만들기_

1 넓은 볼에 다진 닭가슴살과 잘게 썬 양배추, 달
   걀을 넣는다.

2 1에 밀가루와 멸치파우더를 체로 발친 후 반죽
   한다.

3 종이컵에 2/3 정도 반죽을 담아 찜통에서 25
   분 쩌준다.

Tip

오븐이 없어도 찜기(찜통)를 활용해서 머핀을 만들 수 있습니다. 멸치닭가슴살찜케이크는 닭가
슴살의 질감에 멸치파우더의 냄새가 더해져 어묵과 같은 느낌이 나기 때문에 기호성도 좋은
편이지요. 멸치파우더는 143쪽을 참고하세요.

두부완두콩찜케이크

145g

두부 150그램, 완두콩 50그램, 달걀 2개, 밀가루 60그램

만들기

1 넓은 볼에 끓는 물에 데쳐 염분을 뺀 두부를 으
   깨어 넣는다.

2 1에 완두콩과 달걀을 넣는다.

3 밀가루를 체로 밭친 후 반죽한다.

4 종이컵에 2/3 정도 반죽을 담아 찜통에서 25
   분 쪄준다.

완두콩은 식이섬유가 매우 풍부한 식품입니다. 대장암 예방과 동맥경화 예방에도 효과가 있지
요. 두부를 이용해 단백질을 더욱 보충하여 만든 식물성 단백질이 가득한 간식입니다.

참치전

270g

통조림참치 150그램, 우엉 25그램, 밀가루 50그램
물 50밀리리터, 달걀 1개, 카놀라유 1큰술

만들기_

1 참치는 끓는 물에 살짝 데쳐 염분을 빼고 준비
   한다.

2 우엉은 잘게 썰어 준비한다.

3 넓은 볼에 참치, 우엉, 달걀, 물, 밀가루를 넣고
   반죽한다.

4 프라이팬에 카놀라유를 두르고 반죽을 1큰술
   씩 덜어 부쳐준다.

Tip

우엉은 식이섬유가 풍부하고 아삭한 식감이 좋은 재료입니다. 우엉에 들어 있는 이눌린 성분
은 이뇨 작용과 배변 활동에 효과가 있습니다. 우엉의 껍질은 감자칼로 벗겨내면 편리하게 손
질할 수 있습니다.

채소전

275g

파프리카 50그램, 애호박 50그램, 양배추 50그램, 밀가루 50그램
물 50밀리리터, 달걀 1개, 카놀라유 1큰술

만들기

1 파프리카, 애호박, 양배추는 얇게 채 썰어 준비
  한다.

2 넓은 볼에 1의 채소와 달걀, 물, 밀가루를 넣고
  반죽한다.

3 프라이팬에 카놀라유를 두르고 반죽을 1큰술
  씩 덜어 부쳐준다.

Tip
  강아지 간식으로 프라이팬에 전을 부칠 때는 기름을 소량만 사용하여 칼로리를 낮춰줍니다.

햄버그스테이크

380g

재료

다진 쇠고기 150그램, 다진 닭가슴살 150그램, 달걀 1개

당근 20그램, 밀가루 25그램

만들기

1 다진 쇠고기, 다진 닭가슴살, 달걀, 잘게 썬 당
근을 넓은 볼에 넣는다.

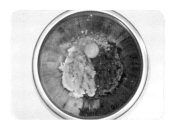

2 1에 밀가루를 넣고 반죽한다.

3 지름 8~10센티미터 크기로 동그랗고 납작하
게 빚는다.

4 프라이팬에 앞뒤로 노릇하게 구워준다.

Tip

수분이 많은 반죽으로 동그란 모양을 낼 때는 손에 물을 듬뿍 묻혀서 만들면 됩니다

두부스테이크

300g

재료

두부 150그램, 다진 닭가슴살 100그램, 달걀 1개, 밀가루 25그램

만들기

1 끓는 물에 데쳐 염분을 제거한 두부는 으깨어
   준비한다.

2 넓은 볼에 으깬 두부, 다진 닭가슴살, 달걀을
   넣는다.

3 2에 밀가루를 넣고 반죽한다.

4 지름 8~10센티미터 크기로 동그랗고 납작하
   게 빚는다.

5 프라이팬에 앞뒤로 노릇하게 구워준다.

Tip 반죽을 동그랗게 만들 때 가운데를 오목하게 손가락으로 눌러주면 속까지 골고루 익힐 수 있
     습니다. 양면이 노릇하게 익고 나면 뚜껑을 덮고 약한 불로 속까지 완전히 익혀주면 됩니다.

아마씨두부·검은콩 셰이크

300g

재료

두부 150그램   검은콩 100그램

아마씨 5그램   물 150밀리리터

물 150밀리리터   우유 50밀리리터

만들기(아마씨두부셰이크)

1 두부는 끓는 물에 데쳐 염분을 제거한다.

2 믹서기에 물과 아마씨, 두부를 넣고 갈아준다.

만들기(검은콩셰이크)

1 검은콩을 10시간 이상 물에 불려준다.

2 불린 검은콩을 삶아준다.

3 익은 콩과 물, 우유를 넣고 갈아준다.

Tip

단백질이 풍부한 두부와 오메가3 지방산이 풍부한 아마씨를 믹서기에 물과 함께 갈아주기만
하면 되는 음료입니다. 영양분과 함께 수분 섭취에도 좋지요. 콩국 맛이라서 약간의 간을 더해
견주가 마셔도 좋습니다.

검은콩에는 안토시아닌이 풍부해서 항산화 효과 및 눈 건강, 항암 효과에 도움이 됩니다. 또
단백질과 비타민 B도 많이 함유하고 있습니다. 검은콩셰이크를 만들어 마시면 수분 섭취 및
독소와 노폐물 배출에도 도움이 됩니다.

내 강아지 맞춤 코스

다이어트 중인 강아지
재료의 칼로리가 낮고 조리과정이 복잡하지 않은 간식입니다.

건조멸치 • 42 단호박말랭이 • 54 브로콜리단호박볼 • 108
두부과자 • 124 단호박빵 • 130

노령견과 치아가 약한 강아지
이빨로 씹기에 부담이 없는 간식입니다.

연어육포 • 40 참치고구마볼 • 100 고구마꿀빵 • 128
닭가슴살아마씨볼 • 184 미트로프 • 194

물을 잘 마시지 않는 강아지
강아지가 충분히 수분을 섭취할 수 있도록 만든 간식입니다.

참치죽 • 222 달걀배추죽 • 224 두부완자단호박수프 • 234
퀴노아단호박범벅 • 256 아마씨두부셰이크 • 270

밥투정을 하는 강아지
밥 위에 올려 밥투정을 하는 강아지의 입맛을 돋우어 줄 간식입니다.

법시바우너 • 142 북시피우디 • 144 검은깨파우너 • 158
닭가슴산고구마범벅 • 254 검은콩셰이크 • 270